普通高等教育"十三五"规划教材
高等院校计算机系列教材
空间信息技术实验系列教材

空间数据库原理与应用实验教程

李 岑 编

华中科技大学出版社
中国·武汉

内 容 简 介

本课程的培养目标是，通过学习该课程，学生可熟练掌握空间数据库的基本知识和基本原理，包括空间信息基础、空间数据库的基本概念、空间数据结构、空间数据库模型及空间数据库设计等内容，为其今后学习其他相关课程打下良好的基础。全书实验包括：数据库的模式设计和数据库的建立；数据库的简单查询和连接查询；数据库的嵌套查询和组合统计查询；视图的定义及数据完整性；空间数据库的建立；空间数据库的连接；使用 ArcSDE 进行数据加载；ArcSDE 的多用户多版本编辑。

本书各章内容翔实，操作性强，可作为本、专科院校空间信息与数字技术及相关专业的"空间数据库"实验课程的教材，也可作为地理信息系统软件开发人员的参考书。

图书在版编目(CIP)数据

空间数据库原理与应用实验教程/李岑编.—武汉：华中科技大学出版社，2018.8
普通高等教育"十三五"规划教材　高等院校计算机系列教材
ISBN 978-7-5680-3963-5

Ⅰ.①空…　Ⅱ.①李…　Ⅲ.①空间信息系统-实验-高等学校-教材　Ⅳ.①P208

中国版本图书馆 CIP 数据核字(2018)第 179636 号

空间数据库原理与应用实验教程　　　　　　　　　　　　　　　　　李 岑 编
Kongjian Shujuku Yuanli yu Yingyong Shiyan Jiaocheng

策划编辑：徐晓琦　李　露
责任编辑：李　露
封面设计：原色设计
责任校对：杜梦雅
责任监印：赵　月

出版发行：华中科技大学出版社(中国•武汉)　电话：(027)81321913
　　　　　武汉市东湖新技术开发区华工科技园　邮编：430223

录　　排：武汉楚海文化传播有限公司
印　　刷：武汉华工鑫宏印务有限公司
开　　本：787mm×1092mm　1/16
印　　张：6.25
字　　数：146 千字
版　　次：2018 年 8 月第 1 版第 1 次印刷
定　　价：15.60 元

本书若有印装质量问题，请向出版社营销中心调换
全国免费服务热线：400-6679-118　竭诚为您服务
版权所有　侵权必究

空间信息技术实验系列教材
编 委 会

顾 问 陈 新　徐 锐　匡 锦　陈广云

主 编 杨 昆

副主编 冯乔生　肖 飞

编 委（按姓氏笔画排序）

丁海玲　王 敏　王加胜　冯 迅

朱彦辉　李 岑　李 晶　李 睿

李 臻　杨 扬　杨玉莲　张玉琢

陈玉华　罗 毅　孟 超　袁凌云

曾 瑞　解 敏　廖燕玲　熊 文

序

21世纪以来,云计算、物联网、大数据、移动互联网、地理空间信息技术等新一代信息技术逐渐形成和兴起,人类进入了大数据时代。同时,国家目前正在大力推进"互联网+"行动计划和智慧城市、海绵城市建设,信息产业在智慧城市、环境保护、海绵城市等诸多领域将迎来爆发式增长的需求。信息技术发展促进信息产业飞速发展,信息产业对人才的需求剧增。地方社会经济发展需要人才支撑,云南省"十三五"规划中明确指出,信息产业是云南省重点发展的八大产业之一。在大数据时代背景下,要满足地方经济发展需求,对信息技术类本科层次的应用型人才培养提出了新的要求,传统拥有单一专业技能的学生已不能很好地适应地方社会经济发展的需求,社会经济发展的人才需求将更倾向于融合新一代信息技术和行业领域知识的复合型创新人才。

为此,云南师范大学信息学院围绕国家、云南省对信息技术人才的需求,从人才培养模式改革、师资队伍建设、实践教学建设、应用研究发展、发展机制转型5个方面构建了大数据时代下的信息学科。在这一背景下,信息学院组织学院骨干教师力量,编写了空间信息技术实验系列教材,为培养适应云南省信息产业乃至各行各业信息化建设需要的大数据人才提供教材支撑。

该系列教材由云南师范大学信息学院教师编写,由杨昆负责总体设计,由冯乔生、肖飞、罗毅负责组织实施。系列教材的出版得到了云南省本科高校转型发展试点学院建设项目的资助。

前　言

　　空间数据库是地理信息系统(GIS)应用的一个重要部分,其中空间数据库引擎(SDE)作为中间件连接 GIS 应用程序和关系数据库系统,能较好地解决空间数据和属性数据统一存储和管理的问题。学好空间数据库能为将来学习 GIS 相关课程打下坚实基础,对从事 GIS 相关领域的工作和研究人员来说非常重要。

　　本书结合编者的教学和实践经验,以关系数据库作为切入点,引入空间数据库引擎,继而介绍空间数据库的相关操作,如空间数据库的建立、空间数据库的连接、数据加载、多用户多版本编辑等。通过学习相关的原理和软件的操作,读者可提高实践应用能力。实验由浅入深,方便教师安排实验,也方便学生学习和掌握相关知识。

　　由于作者水平有限,书中难免存在不妥之处,敬请读者批评指正。

编　者

2018 年 2 月

目 录

实验一　数据库的模式设计和数据库的建立 …………………………………… (1)
　　一、实验目的 ………………………………………………………………………… (1)
　　二、实验内容 ………………………………………………………………………… (1)
　　三、实验仪器及环境 ………………………………………………………………… (1)
　　四、实验原理 ………………………………………………………………………… (1)
　　　　1. 创建基本表 …………………………………………………………………… (1)
　　　　2. 常用完整性约束 ……………………………………………………………… (2)
　　　　3. 基本数据类型 ………………………………………………………………… (2)
　　　　4. 修改基本表 …………………………………………………………………… (2)
　　　　5. 删除基本表 …………………………………………………………………… (2)
　　五、实验步骤 ………………………………………………………………………… (3)
　　　　1. 基本操作实验 ………………………………………………………………… (3)
　　　　2. 提高操作实验 ………………………………………………………………… (3)
　　六、实验总结 ………………………………………………………………………… (3)
　　七、思考与练习 ……………………………………………………………………… (3)

实验二　数据库的简单查询和连接查询 ………………………………………… (4)
　　一、实验目的 ………………………………………………………………………… (4)
　　二、实验内容 ………………………………………………………………………… (4)
　　三、实验仪器及环境 ………………………………………………………………… (4)
　　四、实验原理 ………………………………………………………………………… (4)
　　五、实验步骤 ………………………………………………………………………… (5)
　　　　1. 基本操作实验 ………………………………………………………………… (5)
　　　　2. 提高操作实验 ………………………………………………………………… (5)
　　六、实验总结 ………………………………………………………………………… (5)
　　七、思考与练习 ……………………………………………………………………… (5)

实验三　数据库的嵌套查询和组合统计查询 …………………………………… (6)
　　一、实验目的 ………………………………………………………………………… (6)
　　二、实验内容 ………………………………………………………………………… (6)
　　三、实验仪器设备及环境 …………………………………………………………… (6)

四、实验原理 ……………………………………………………………………（6）
　　五、实验步骤 ……………………………………………………………………（8）
　　　1. 基本操作实验 ………………………………………………………………（8）
　　　2. 提高操作实验 ………………………………………………………………（8）
　　六、实验总结 ……………………………………………………………………（9）
　　七、思考与练习 …………………………………………………………………（9）

实验四　视图的定义及数据完整性 ……………………………………………（10）
　　一、实验目的 ……………………………………………………………………（10）
　　二、实验内容 ……………………………………………………………………（10）
　　三、实验仪器及环境 ……………………………………………………………（10）
　　四、实验原理 ……………………………………………………………………（10）
　　　1. 视图的特点 …………………………………………………………………（10）
　　　2. 基于视图的操作 ……………………………………………………………（10）
　　　3. 建立视图 ……………………………………………………………………（10）
　　　4. 删除视图 ……………………………………………………………………（11）
　　　5. 更新视图 ……………………………………………………………………（11）
　　　6. 触发器 ………………………………………………………………………（11）
　　五、实验步骤 ……………………………………………………………………（11）
　　　1. 基本操作实验 ………………………………………………………………（11）
　　　2. 提高操作实验 ………………………………………………………………（12）
　　六、实验总结 ……………………………………………………………………（12）
　　七、思考与练习 …………………………………………………………………（12）

实验五　空间数据库的建立 ……………………………………………………（13）
　　一、实验目的 ……………………………………………………………………（13）
　　二、实验内容 ……………………………………………………………………（13）
　　三、实验仪器及环境 ……………………………………………………………（13）
　　四、实验原理 ……………………………………………………………………（13）
　　五、实验步骤 ……………………………………………………………………（14）
　　　1. 数据准备 ……………………………………………………………………（14）
　　　2. 建立几何网络 ………………………………………………………………（17）
　　六、实验总结 ……………………………………………………………………（22）
　　七、思考与练习 …………………………………………………………………（22）

实验六　空间数据库的连接 ……………………………………………………（23）
　　一、实验目的 ……………………………………………………………………（23）

二、实验内容 ··· (23)

　　三、实验仪器及环境 ·· (23)

　　四、实验原理 ··· (23)

　　五、实验步骤 ··· (24)

　　六、实验总结 ··· (26)

　　七、思考与练习 ·· (26)

实验七　使用 ArcSDE 进行数据加载 ·· (27)

　　一、实验目的 ··· (27)

　　二、实验内容 ··· (27)

　　三、实验仪器及环境 ·· (27)

　　四、实验原理 ··· (27)

　　五、实验步骤 ··· (27)

　　　1. 加载 coverage 数据 ··· (27)

　　　2. 加载 shapefile 数据 ··· (30)

　　　3. 加载栅格数据 ··· (33)

　　　4. 加载表格数据 ··· (35)

　　六、实验总结 ··· (37)

　　七、思考与练习 ·· (37)

实验八　ArcSDE 的多用户多版本编辑 ··· (38)

　　一、实验目的 ··· (38)

　　二、实验内容 ··· (38)

　　三、实验仪器及环境 ·· (38)

　　四、实验原理 ··· (38)

　　五、实验步骤 ··· (38)

　　　1. 准备工作 ·· (38)

　　　2. 将一个要素类注册为版本 ·· (38)

　　　3. 对要素类的权限进行管理 ·· (41)

　　　4. 多用户对同一版本的数据进行编辑 ···································· (42)

　　　5. 多用户编辑同一版本中的不同要素 ···································· (47)

　　　6. 多用户编辑同一版本中的同一要素 ···································· (52)

　　　7. 多用户编辑不同版本 ·· (59)

　　　8. 编辑版本 ·· (62)

　　　9. 协调冲突 ·· (65)

　　　10. 提交版本 ··· (67)

六、实验总结 …………………………………………………………… (69)

七、思考与练习 ………………………………………………………… (69)

附录 A　SQL Server 2005 数据库操作指导 ………………………… (70)

　A.1　SQL Server 2005 数据库的安装配置及启动停止 ……………… (70)

　　1. SQL Server 2005 的安装 ……………………………………… (70)

　　2. 对象资源管理器的使用 ………………………………………… (70)

　　3. 查询分析器的使用 ……………………………………………… (72)

　　4. "Microsoft SQL Server Management Studio"中其他窗口的使用方法 ……… (74)

　A.2　SQL 语句方式与图形界面方式的创建实现 …………………… (75)

　　1. SAM 数据库的创建 ……………………………………………… (75)

　　2. 在 SAM 数据库中创建 SCOT 模式 …………………………… (75)

　　3. 表的创建 ………………………………………………………… (76)

　　4. 利用 SQL 语句向以上各表中插入数据 ……………………… (77)

　　5. SQL 语句 ………………………………………………………… (79)

　A.3　SQL 语句的查询实现 …………………………………………… (80)

　　1. 利用 SQL 语句进行单表查询(以员工管理为例) …………… (80)

　　2. 利用 SQL 语句进行多表查询 ………………………………… (80)

　　3. 利用 SQL 语句进行子查询 …………………………………… (81)

　　4. 分页查询 ………………………………………………………… (81)

　　5. 查询强化训练 …………………………………………………… (81)

附录 B　实验报告模板 ……………………………………………… (86)

参考文献 ……………………………………………………………… (87)

实验一 数据库的模式设计和数据库的建立

一、实验目的

(1)选取一种数据库管理软件进行安装、调试(默认为 SQL Server 数据库系统)。
(2)通过一个具体应用,独立完成数据库的模式设计。
(3)熟练使用 SQL 语句创建数据库、表和索引,修改表结构。
(4)熟练使用 SQL 语句在数据库中输入数据、修改数据和删除数据。

二、实验内容

(1)完成一种数据库管理软件的安装、调试(默认为 Microsoft SQL Server 2005)。
(2)对实际应用进行数据库模式设计(至少三个基本表)。
(3)创建数据库、表,确定表的主码和约束条件,为主码创建索引。
(4)查看数据库属性,查看和修改表结构。

三、实验仪器及环境

(1)操作系统选择 Microsoft Windows 7。
(2)数据库管理系统选择 Microsoft SQL Server 2005(或以上)标准版或企业版。
(3)准备以下数据。
①本班所有同学的学籍数据,含(不限于)姓名、性别、学号、籍贯、出生年月、寝室号、职务、手机号、QQ 号等。
②学生本人上学期的选课信息,含课程名、课程代码、任课教师、学分、成绩等。

四、实验原理

本实验涉及的数据库基本知识如下:数据库管理系统、数据库三级模式、数据库表单的设计及建立、基本 SQL 语句的应用。

1. 创建基本表

语句格式如下:
CREATE TABLE <表名>
　　(<列名> <数据类型>[<列级完整性约束条件>]
　　[,<列名> <数据类型>[<列级完整性约束条件>]]…
　　[,<表级完整性约束条件>]);

其中:<表名>表示所要定义的基本表的名字;<列名>表示组成该表的各个属性(列);<列级完整性约束条件>表示涉及相应属性列的完整性约束条件;<表级完整性约束条件>表示涉及一个或多个属性列的完整性约束条件。

2. 常用完整性约束

常用完整性约束主要包括以下几种。
- PRIMARY KEY:主码约束
- UNIQUE:唯一性约束
- NOT NULL:非空值约束
- FOREIGN KEY:参照完整性约束

3. 基本数据类型

(1)数值型主要有以下四种。
- SMALLINT:半字长二进制整数
- INTEGER:全字长二进制整数
- DECIMAL(p[,q])或者 DEC(p[,q]):压缩十进制数,共 p 位,其中小数点后 q 位
- FLOAT:双字长浮点数

(2)字符串型主要有以下两种。
- CHARTER(n)或 CHAR(n)
- VARCHAR(n)

(3)时间型主要有以下两种。
- DATE
- TIME

(4)位串型主要包括 BIT(n)。

4. 修改基本表

语句格式如下:

  ALTER TABLE <表名>
  [ADD <新列名> <数据类型> [完整性约束]]
  [DROP <完整性约束名>]
  [MODIFY <列名> <数据类型>];

其中:<表名>表示要修改的基本表;ADD 子句表示增加新列和新的完整性约束条件;DROP 子句表示删除指定的完整性约束条件;MODIFY 子句用于修改列名和数据类型。

5. 删除基本表

语句格式如下:

  DROP TABLE<表名>

基本表删除后,数据、表上的视图、索引都会被删除。

五、实验步骤

1. 基本操作实验

(1)安装、调试一种数据库管理软件(默认为 SQL Server 数据库系统),详细操作步骤参见附录 A.1。

(2)在 DBMS 中建立学生选课数据库,详细操作步骤参见附录 A.2。

(3)在建好的学生选课数据库中建立学生表、课程表和选课表,其结构如下。

①学生表:Student(Sno,Sname,Ssex,Sage,Sdept),其主码为 Sno。

②课程表:Course(Cno,Cname,Cpno,Ccredit),其主码为 Cno。

③选课表:SC(Sno,Cno,Grade),其主码为(Sno,Cno)。

(4)要求根据属性选择合适的数据类型,定义每个表的主码,确认是否允许空值和默认值等列级数据约束。

(5)建立学生表、课程表和选课表的主码约束,选课表与学生表、选课表与课程表之间的外码约束,通过操作予以实现。

(6)在学生选课数据库的学生表、课程表和选课表中输入本班上学期的相关记录(学籍信息和选课信息)。要求记录不仅满足数据约束要求,还要有表间关联的记录。

(7)实现对学生选课数据库的学生表、课程表和选课表中数据的插入、删除和修改操作。

2. 提高操作实验

将学生选课数据库,以及库中的表、索引和约束用 SQL 语言表达出来,实现建库、建表、建立表间联系、建立必要的索引和约束的操作。

六、实验总结

总结本次实验的收获和存在的问题,撰写书面报告,报告模板见附录 B。

七、思考与练习

(1)指出学生选课数据库的主码、外码和数据约束。

(2)学生选课数据库的选课表中,属性学号、课程号应采用数值型的还是字符型的?

(3)为什么要建立索引?建立多少索引合适?

(4)为什么不能随意删除被参照表中的主码?

实验二 数据库的简单查询和连接查询

一、实验目的

(1)加深对标准 SQL 查询语句的理解。
(2)熟练掌握简单表的数据查询、数据排序和数据连接查询的操作方法。

二、实验内容

(1)简单查询操作,该实验包括投影、选择条件表达,以及数据排序等。
(2)连接查询操作,该实验包括等值连接、自然连接、求笛卡儿积、一般连接、外连接、内连接、左连接和右连接。

三、实验仪器及环境

(1)操作系统选择 Microsoft Windows 7。
(2)数据库管理系统选择 Microsoft SQL Server 2005(或以上)标准版或企业版。
(3)准备以下数据。
①本班所有同学的学籍数据,含(不限于)姓名、性别、学号、籍贯、出生年月、寝室号、职务、手机号、QQ 号等。
②学生本人上学期的选课信息,含课程名、课程代码、任课教师、学分、成绩等。

四、实验原理

本实验涉及结构化查询语句的应用,语句格式如下:
  SELECT [ALL|DISTINCT] <目标列表达式>[,<目标列表达式>]…
  FROM <表名或视图名>[,<表名或视图名>]…
  [WHERE <条件表达式>]
  [GROUP BY <列名1>[HAVING <条件表达式>]]
  [ORDER BY <列名2>[ASC|DESC]];
其中:SELECT 子句表示指定要显示的属性列;FROM 子句表示指定查询对象(基本表或视图);WHERE 子句表示指定查询条件;GROUP BY 子句表示对查询结果按指定列的值分组,该属性列值相等的元组为一个组;HAVING 短语表示筛选出满足指定条件的组;ORDER BY 子句表示对查询结果表按指定列值升序或降序排序。

五、实验步骤

1. 基本操作实验

详细操作步骤参见附录 A.3(附录以员工管理为例,应注意与学籍管理的区别)。
(1)查询本班所有学生的学号和姓名。
(2)查询选修了上学期开设的某课程的所有学生的名单。
(3)查询年龄小于 22 岁的女同学的学号和姓名。
(4)查询某姓氏的所有学生。
(5)查询全体学生的姓名和出生年份。
(6)查询选修了某课程的学生的学号。
(7)查询每个学生的情况及他(她)所选修的课程。

2. 提高操作实验

(1)查询本班所有学生的学号、姓名、选修的课程及成绩,并按某门课程成绩进行降序排列。
(2)查询选修了某课程且成绩在 80~90 分的学生的学号和成绩。
(3)查询选修了某课程且成绩在 90 分以上的学生的学号、姓名及成绩。
(4)查询至少选修了某课程的学生的姓名。

六、实验总结

总结本次实验的收获和存在的问题,撰写书面报告,报告模板见附录 B。

七、思考与练习

(1)表述查询结果常用的几种方式。
(2)如何提高数据查询和连接速度?
(3)对于常用的查询形式或者查询结果,怎样处理能较好地展现结果?

实验三 数据库的嵌套查询和组合统计查询

一、实验目的

(1)加深对 SQL 语言的嵌套查询语句的理解。
(2)熟练掌握数据查询中分组、统计、计算和组合的操作方法。

二、实验内容

(1)使用 IN、比较符、ANY 或 ALL、EXITS 操作符进行嵌套查询操作。
(2)分组查询实验。该实验包括分组条件表达和选择组条件表达的方法。
(3)使用函数查询实验。该实验包括统计函数和分组统计函数的使用方法。
(4)组合查询。该实验包括计算和分组计算查询的操作。

三、实验仪器设备及环境

(1)操作系统选择 Microsoft Windows 7。
(2)数据库管理系统选择 Microsoft SQL Server 2005(或以上)标准版或企业版。
(3)准备以下数据:
①本班所有同学的学籍数据,含(不限于)姓名、性别、学号、籍贯、出生年月、寝室号、职务、手机号、QQ 号等。
②学生本人上学期的选课信息,含课程名、课程代码、任课教师、学分、成绩等。

四、实验原理

本实验涉及的知识点为复杂结构的查询语句的应用,包括嵌套查询、集函数查询。
(1)在 WHERE 子句的<比较条件>中使用比较运算符 =、>、<、>=、<=、! =、<>、! >、! <。
(2)使用谓词 BETWEEN…AND…、NOT BETWEEN…AND…。
(3)使用谓词 IN <值表>、NOT IN <值表>,其中<值表>为用逗号分隔的一组取值。
(4)字符串匹配。
语句格式如下:
　　　　[NOT]LIKE′<匹配串>′[ESCAPE′<换码字符>′]
其中:<匹配串>用于指定匹配模板,匹配模板用于固定字符串或含通配符的字符串,当匹配模板为固定字符串时,可以用"="运算符取代 LIKE 谓词,用"! ="或"< >"运算符取代 NOT LIKE 谓词。

(5)通配符。

％(百分号)代表任意长度(长度可以为0)的字符串。例如,a％b 表示以 a 开头、以 b 结尾的任意长度的字符串。如 acb、addgb、ab 等都满足该匹配串。

_(下划线)代表任意单个字符。例如,a_b 表示以 a 开头、以 b 结尾的长度为 3 的任意字符串。如 acb、afb 等都满足该匹配串。

(6)多重条件查询。

用逻辑运算符 AND 和 OR 来连接多个查询条件。

AND 的优先级高于 OR,可以用括号改变优先级。其他谓词有 NOT IN、NOT BETWEEN…AND…。

(7)对查询结果排序。

使用 ORDER BY 子句可以实现一个或多个属性列排序。ASC 代表升序,DESC 代表降序,默认值为升序。当排序列含空值时,对于 ASC,排序列为空值的元组最后显示;对于 DESC,排序列为空值的元组最先显示。

(8)使用集函数。

五类主要集函数如下。
- 计数:COUNT([DISTINCT|ALL] *),COUNT([DISTINCT|ALL] <列名>)
- 计算总和:SUM([DISTINCT|ALL] <列名>)
- 计算平均值:AVG([DISTINCT|ALL] <列名>)
- 求最大值:MAX([DISTINCT|ALL] <列名>)
- 求最小值:MIN([DISTINCT|ALL] <列名>)

其中:DISTINCT 短语表示在计算时要取消指定列中的重复值;ALL 短语表示不取消重复值,ALL 为默认值。

(9)对查询结果分组。

使用 GROUP BY 子句分组,细化集函数的作用对象。未对查询结果分组,集函数将作用于整个查询结果。对查询结果分组后,集函数将分别作用于每个组。

GROUP BY 子句的作用对象是查询的中间结果表。分组方法为:按指定的一列或多列值分组,值相等的为一组。使用 GROUP BY 子句后,SELECT 子句的列名列表中只能出现分组属性和集函数。

(10)使用 HAVING 短语筛选最终输出结果。

只有满足 HAVING 短语指定条件的组才输出结果。HAVING 短语与 WHERE 子句的区别为两者的作用对象不同。WHERE 子句作用于基本表或视图,从中选择满足条件的元组。HAVING 短语作用于组,从中选择满足条件的组。

(11)SELECT 语句。

SELECT 语句完整的句法如下:

  SELECT 目标表的列名或列表达式序列

  FROM 基本表名和(或)视图序列

  [WHERE 行条件表达式]

[GROUP BY　列名序列[HAVING　组条件表达式]]
　　[ORDER BY　列名[ASC|DESC],…];
整个语句的执行过程如下。
①读取 FROM 子句中基本表、视图的数据,执行笛卡儿积操作。
②选取满足 WHERE 子句中条件表达式的元组。
③按 GROUP 子句中指定列的值分组,同时提取满足 HAVING 子句中组条件表达式的组。
④按 SELECT 子句中给出的列名或列表达式求值并输出结果。
⑤ORDER 子句对输出的目标表进行排序,按附加说明升序或降序排列。
(12)带有 ANY 或 ALL 谓词的子查询。
ANY:表示任意一个值。
ALL:表示所有值。
(13)带有 EXISTS 谓词的子查询。
带有 EXISTS 谓词的子查询不返回任何数据,只产生逻辑真值"true"或逻辑假值"false"。

五、实验步骤

1. 基本操作实验

详细操作步骤参见附录 A.3(附录以员工管理为例,应注意与学籍管理的区别)。
(1)查询选修了某课程的学生的学号和姓名。
(2)查询某课程的成绩高于某分值的学生的学号和成绩。
(3)查询男生中年龄小于最大女生年龄的学生。
(4)查询没有选修某课程的学生的姓名。
(5)查询选修了某课程的学生的最低分。
(6)统计男(女)同学的人数。
(7)查询各课程名称及相应的选课人数。

2. 提高操作实验

(1)检索选修了某课程的学生中成绩最高的学生的学号。
(2)查询选修了全部课程的学生的姓名。
(3)查询平均成绩最高的学生的学号和姓名。
(4)查询某课程成绩高于所有课程总平均成绩的学生的姓名。
(5)查询有 2 门以上课程成绩大于等于 80 分的学生的学号及其成绩大于等于 80 分的课程数。

六、实验总结

总结本次实验的收获和存在的问题,撰写书面报告,报告模板见附录 B。

七、思考与练习

(1)子句 WHERE＜条件表达式＞如何表示元组筛选条件,子句 HAVING＜条件表达式＞如何表示组选择条件?

(2)组合查询的子句间能否有语句结束符?

(3)试用多种形式表示实验中的查询语句,并对它们进行比较。

(4)组合查询语句是否可以用其他语句代替? 如可以,其与其他语句有什么不同?

(5)使用 GROUP BY＜分段条件＞子句后,语句中的统计函数的运行结果有何不同?

实验四　视图的定义及数据完整性

一、实验目的

(1)掌握创建视图的方法,加深对视图的理解。
(2)加深对数据完整性的理解。
(3)学会使用 T-SQL 设计规则,学会创建约束、利用缺省约束和触发器。

二、实验内容

(1)创建、查看、修改和删除视图。
(2)创建并使用触发器。
(3)创建存储过程并执行。

三、实验仪器及环境

(1)操作系统选择 Microsoft Windows 7。
(2)数据库管理系统选择 Microsoft SQL Server 2005(或以上)标准版或企业版。
(3)准备以下数据。
①本班所有同学的学籍数据,含(不限于)姓名、性别、学号、籍贯、出生年月、寝室号、职务、手机号、QQ 号等。
②学生本人上学期的选课信息,含课程名、课程代码、任课教师、学分、成绩等。

四、实验原理

本实验涉及视图的应用、数据库约束条件的应用。

1. 视图的特点

虚表是从一个或几个基本表(或视图)中导出的表,只存放视图的定义,不会出现数据冗余。基本表中的数据发生变化,从视图中查询出的数据也随之改变。

2. 基于视图的操作

查询、删除、更新(受限)、定义基于该视图的新视图。

3. 建立视图

语句格式如下:

```
CREATE VIEW <视图名> [(<列名> [,<列名>]…)]
AS <子查询>
[WITH CHECK OPTION];
```

4. 删除视图

语句格式如下：

DROP VIEW <视图名>；

该语句可从数据字典中删除指定的视图定义，由该视图导出的其他视图定义仍在数据字典中，但已不能使用，必须显式删除。删除基本表时，由该基本表导出的所有视图定义都必须显式删除。

5. 更新视图

从用户的角度，更新视图与更新基本表相同。
DBMS 实现视图更新的方法有视图实体化法（View Materialization）和视图消解法（View Resolution）。
指定 WITH CHECK OPTION 子句后，DBMS 在更新视图时会进行检查，防止用户通过视图对不属于视图范围内的基本表数据进行更新。

6. 触发器

触发器是一种特殊类型的存储过程，它主要是在事件触发时被自动调用执行的。而存储过程可以通过存储过程的名称被调用。

创建触发器的语法如下：

```
CREATE TRIGGER TGR_Name
ON TABLE_Name
WITH ENCRYPION
    FOR UPDATE…
AS
    TRANSACT-SQL；
```

五、实验步骤

1. 基本操作实验

详细操作步骤参见附录 A.3（附录以员工管理为例，应注意与学籍管理的区别）。
（1）按下列 SQL 语句描述的视图定义，创建 IS_Student 视图。

```
CREATE VIEW IS_Student
AS SELECT Sno,Sname,Sage
FROM Student
WHERE Sdept='IS';
```

(2)创建触发器,并在查询分析器中执行一个可以引起触发器执行的语句来使触发器执行,并观察结果。例如,用 CREATE TRIGGER T_S ON Student FOR DELETE AS ＜SQL语句＞定义触发器,则执行 DELETE Student WHERE＜条件＞语句。用 SQL 编写实验操作语句。

2. 提高操作实验

(1)针对 IS_Student 视图完成下列查询。
①在学籍表的视图中找出年龄不小于 21 岁的学生。
②查询选修了某课程的学生。
(2)创建学生与选课表之间,为了维护参照完整性而使用的级联删除触发器、级联修改触发器和受限插入触发器。
(3)创建与调用一个带参数的存储过程,并在查询分析器中执行,观察结果。

六、实验总结

总结本次实验的收获和存在的问题,撰写书面报告,报告模板见附录 B。

七、思考与练习

(1)简述数据库视图的作用。
(2)简述参照表和被参照表之间的关系,以及主码和外码之间的关系。
(3)简述各种触发器的含义,以及它们的主要功能。

实验五 空间数据库的建立

一、实验目的

通过本实验,学会利用已有要素来创建几何网络,进而对空间数据库的创建有更全面的认识。

二、实验内容

完成某市几何网络的创建。

三、实验仪器及环境

(1)操作系统选择 Microsoft Windows 7。
(2)GIS 软件系统选择 ArcGIS 10.2。
(3)准备以下数据。
Ex2 文件夹下的 center.shp、famousplace.shp 和 net.shp 文件。

四、实验原理

本实验涉及空间数据库相关原理。

几何网络由一组相连的边、交汇点以及连通性规则组成,用于表示现实世界中公用网络基础设施的行为,并为这种行为进行建模。地理数据库要素类被作为定义几何网络的数据源,需要定义各种要素在几何网络中所起的作用,以及说明资源流过几何网络的规则。

建立几何网络最基本的方法是确定加入几何网络的要素类以及这些要素类所扮演的角色。一系列网络权重以及其他一些高级的参数也会被确定。有两种建立网络的方法,一种是建立一个新的网络,另一种是为现存的简单要素建立网络。

在现有数据的基础上建立网络,其步骤如下。

(1)使用 ArcCatalog 或 ArcToolbox 把数据导入 Geodatabase。
(2)使用 ArcCatalog 或 ArcToolbox 以现有的要素类建立几何网络。
(3)使用 ArcCatalog 为几何网络添加附加要素类。
(4)使用 ArcCatalog 为几何网络建立连通性。

在已有数据的基础上建立几何网络是一个高度耗费 CPU 的操作,会耗费大量的时间和计算机系统资源,数据量的多少也是很重要的影响因素。假如要素需要捕捉,那么建立网络的操作会在要素捕捉期间耗费大量的时间。

Geodatabase 数据模型主要用来实现矢量数据和栅格数据的一体化存储,目前主要有两种格式:一种是基于 Access 文件的格式(称为 Personal Geodatabase);另外一种是基于 Oracle 或 SQL Server 等关系型数据库管理系统的数据模型,它的主要特点在于采用了标准关系数据库技术来表现地理信息的数据模型,利用标准的数据库管理系统来存储和管理地理信息,通常将空间数据和属性数据存储在一个数据表中,这样每一个图层对应一个数据表。

当选择"Feature Class(multiple)"方式向 Geodatabase 中导入数据时,选择多个图层无法导入,显示的错误信息为"ASCII decoding error: ordinal not in range(128)",产生这种错误的主要原因是导入的文件中有以中文字符或其他非法字符(空格、括号、下划线等)命名的文件,或是创建 Geodatabase 数据库的存储路径中含有中文字符或其他非法字符(空格、括号、下划线等)。这两种情况产生的结果不太一样。如果文件以中文字符命名,会提示错误信息,但数据可以导入并且能够使用。如果存储路径中含有中文字符,会提示错误信息并且无法导入数据。由于 ArcGIS 对中文具有敏感性,因此,建议无论是文件名还是存储路径,都采用英文。

五、实验步骤

1. 数据准备

(1)在 ArcCatalog 目录树中右击已经创建好的"New Geodatabase",单击"新建",选择"要素数据集"命令。

(2)如图 5.1 所示,打开"新建要素数据集"对话框,在"名称"文本框中为新建数据集输入名称。

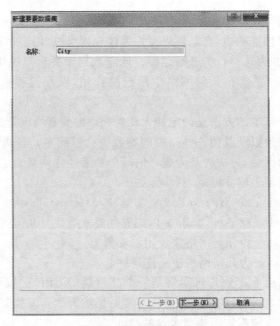

图 5.1 新建要素数据集

(3)单击"下一步"按钮,界面如图 5.2 所示,在其中可以设置坐标系统。

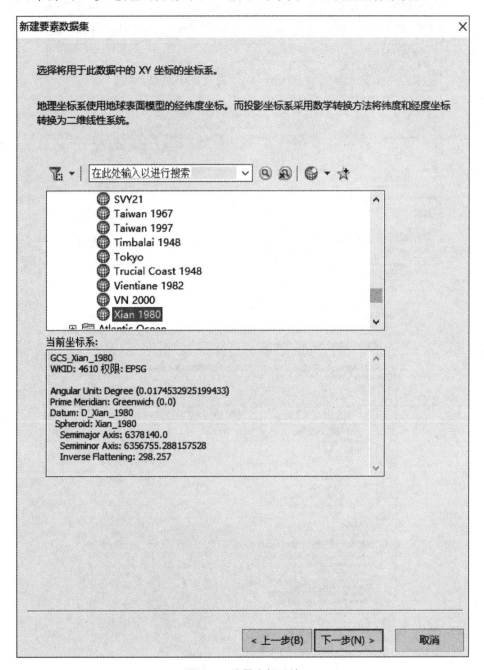

图 5.2 设置坐标系统

(4)单击"导入"按钮,打开"浏览数据集或坐标系"对话框,可为新建要素集匹配坐标系统,在列表框中选择"net.shp"(或"center.shp""famousplace.shp"),如图 5.3 所示。

(5)单击"添加"按钮,返回"新建要素数据集"对话框,如图 5.4 所示,单击"下一步"按钮设置容差。

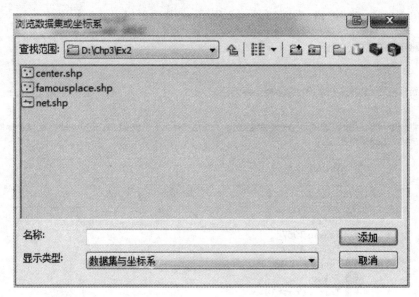

图 5.3 为新建要素集匹配坐标系统

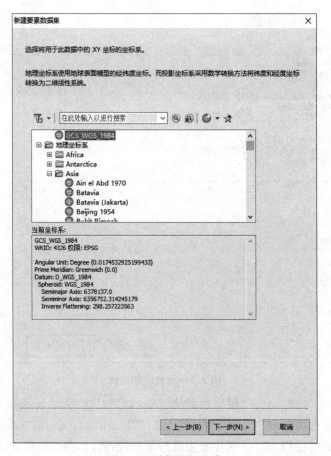

图 5.4 浏览坐标系统

(6)如图5.5所示,设置容差后,单击"完成"按钮,数据集建立完毕。

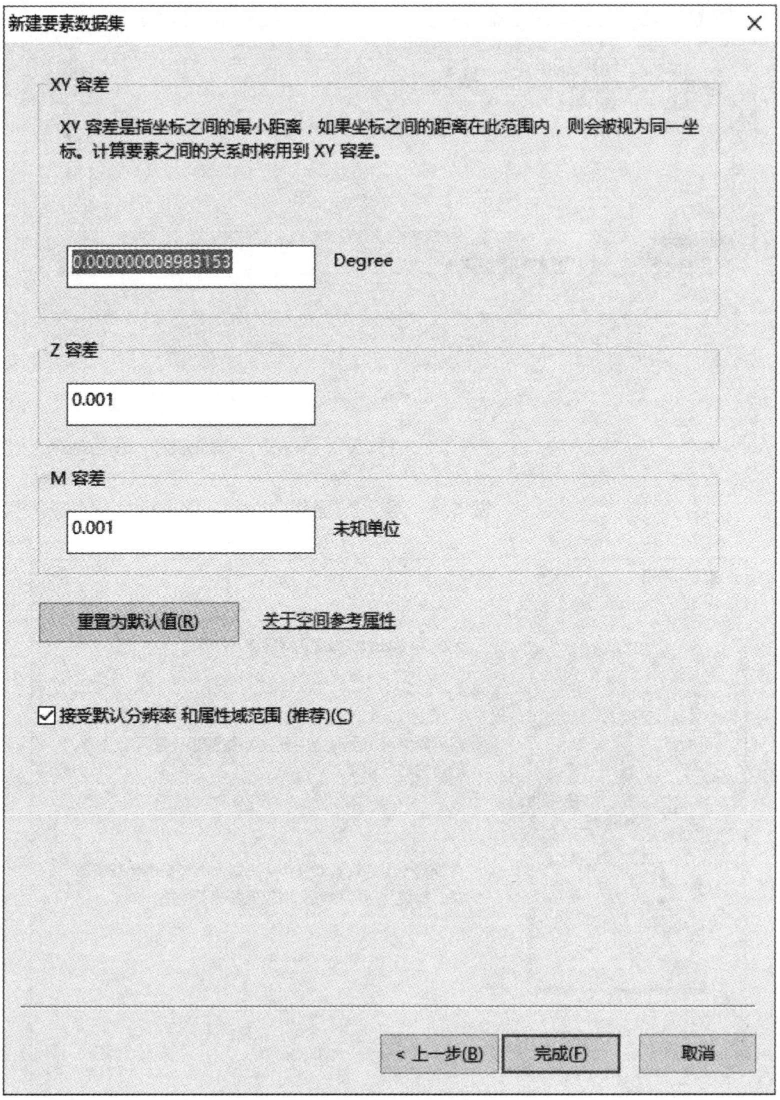

图 5.5 设置容差

(7)在 ArcCatalog 目录树中,右击"City 要素数据集",单击"导入",选择"要素类(多个)"命令。

(8)如图5.6所示,打开"要素类至地理数据库(批量)"对话框,将"net.shp""center.shp""famousplace.shp"导入数据集中,再单击"确定"按钮。

2. 建立几何网络

(1)在 ArcCatalog 目录树中,右击"City 要素数据集",单击"新建",选择"几何网络"命令,打开"新建几何网络"对话框,如图5.7所示。

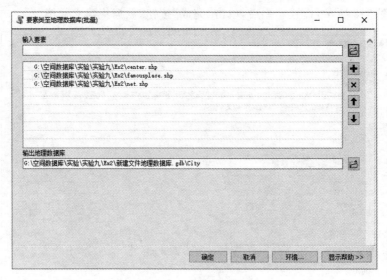

图 5.6 导入数据集

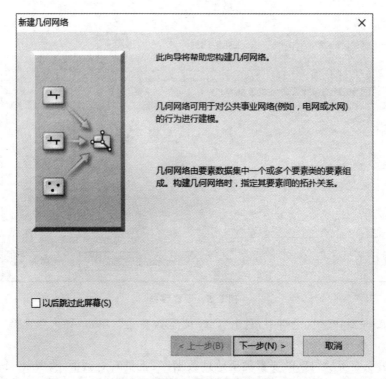

图 5.7 "新建几何网络"对话框

（2）单击"下一步"按钮，输入几何网络名称，并选择是否在指定容差内捕捉要素，如图 5.8 所示。

（3）单击"下一步"按钮，打开"选择要用来构建网络的要素类"界面，如图 5.9 所示，选择需要在几何网络中包含的要素类。

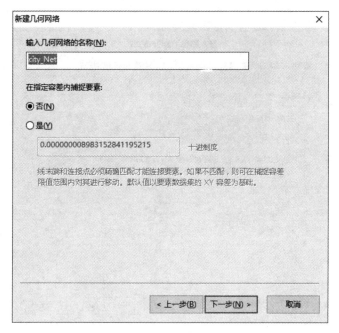

图 5.8　输入几何网络名称

图 5.9　几何要素类选择

(4)单击"下一步"按钮,打开如图 5.10 所示的对话框。选择"否"单选按钮,则所有的网络要素有效;选择"是"单选按钮,则保留已启用字段里现有的属性。

(5)单击"下一步"按钮,打开"为网络要素类选择角色"界面,如图 5.11 所示。

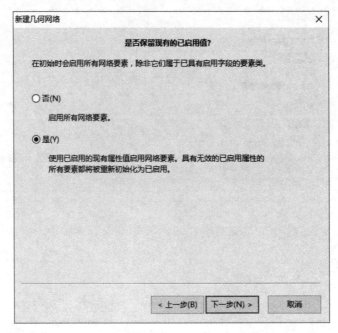

图 5.10 选择是否保留现有的已启用值

图 5.11 为网络要素类选择角色

(6)单击"下一步"按钮,打开"向网络中添加权重"界面,如图 5.12 所示。权重是通过边线或连接线的成本,它只能基于长整型或双精度型创建。如果不想在网络中添加权重,则单击"下一步"按钮。如果需要在网络中添加权重,则单击"新建"按钮添加新权重,而单击"删除"按钮可以删除已添加的权重。还要为添加的权重确定名称和类型,如图 5.12 所示,这里添加了三个权重 yuzhi、length 和 minutes,它们的类型都是双精度型。接下来可以把这些权重分配给每一个要素类的特定字段。

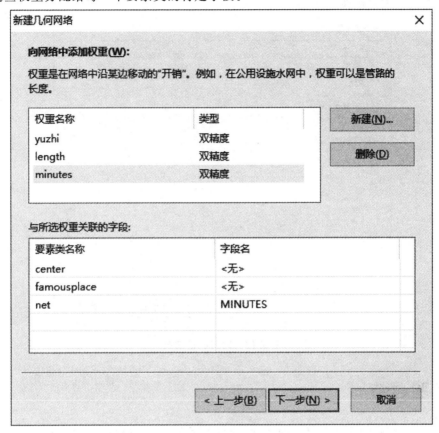

图 5.12 设置网络权重

在本例中设置了三个权重,与 yuzhi 关联的字段是 center 要素类中的 YUZHI 字段;与 length 关联的字段是 net 要素类中的 METERS 字段;与 minutes 关联的字段是 net 要素类中的 MINUTES 字段。设置网络权重并分配给属性字段,是为了在建立好几何网络后,在进行网络分析的最小成本计算时使用。

(7)单击"下一步"按钮,打开"输入的摘要"界面,如图 5.13 所示。确认无误后,单击"完成"按钮,完成新的几何网络的建立。

(8)在目录窗口中,City 要素集中产生两个新的类,一个是 City_Net(几何网络类),另一个是 City_Net_Junction(网络上的连接要素类)。

建立网络后,可以向网络中添加边要素类和连接要素类,方法与建立简单要素类相似。还可以添加网络规则或连通规则。连通规则包括边-边规则和边-连接点规则两种。

添加边-边规则需要指定边与边之间的默认连接点,当在 ArcMap 中编辑这两条边时,会自动在这两条边的连通处添加一个默认的连接点。添加边-连接点规则需要定义边与连接点之间连通的对应关系,设置某个连接点可以连接多少条边,以及某条边可以连接多少个连接点。添加连通规则可以加快数据编辑或更新的速度,并可以在 ArcMap 中验证几何网络中的要素是否为合法连接。

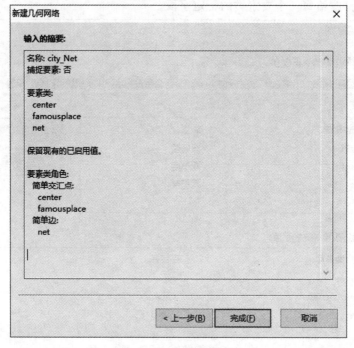

图 5.13　网络设置信息

六、实验总结

总结本次实验的收获和存在的问题,撰写书面报告,报告模板见附录 B。

七、思考与练习

(1)阐述空间数据库的基本原理和概念。
(2)阐述什么是空间数据库引擎。

实验六 空间数据库的连接

一、实验目的

(1)学会使用 ArcCatalog 连接 SDE 数据库。
(2)学会使用 ArcCatalog 导入空间数据到 SDE 数据库中。

二、实验内容

将 Ex2 文件夹下的 center.shp、famousplace.shp、net.shp 文件导入 SDE 数据库。

三、实验仪器及环境

(1)操作系统选择 Microsoft Windows 7。
(2)GIS 软件系统选择 ArcGIS 10.2、ArcSDE for SQL Server。
(3)数据库管理系统选择 Microsoft SQL Server 2005(或以上)标准版或企业版。
(4)准备 Ex2 文件夹下的 center.shp、famousplace.shp、net.shp 文件。

四、实验原理

本实验涉及空间数据库相关原理。
使用 ArcSDE 服务连接到空间数据库的操作步骤如下。
(1)在 ArcCatalog 目录树中,展开"Database Connections"文件夹。
(2)双击添加"Spatial Database Connection",打开"Spatial Database Connection Properties"对话框。
(3)在"Server"文本框中,输入服务器名称或者 IP 地址。
(4)在"Service"文本框中,输入服务名或者端口号。如果想连接 Oracle 数据库中某用户的空间数据库,则输入端口号和模式,并以冒号分隔,例如"5151:Geodata"。
(5)如果数据存储在 SQL Server、IBM DB2、Informix 或 Postgre SQL 关系型数据库中,则在"Database"文本框中输入预连接的数据库的名称。对于 Oracle 数据库则跳过此步。
(6)如果使用数据库认证,则需输入数据库的用户名和密码。若需要保存用户名和密码,则勾选"Save the user name and password with this connection file"选项,否则用户名和密码将不被保存。
(7)如果使用操作系统认证,则勾选"Operating system authentication"选项,此时数据库认证不可用。

(8)如果使用 Oracle 数据库中某用户的 Schema 数据库或 SQL Server 中的 dbo-schema 数据库,则必须在属性对话框中更改"Connection details"部分,并从事务版本列表中选择空间数据库版本。

(9)如果不需要保存版本的连接信息,则取消"Save the transactional version name with the connection file"选项前的钩。

(10)单击"Test Connection"按钮,执行连接测试。测试成功,则"Test Connection"按钮会变灰,否则,将无法从数据库中获取数据。

(11)单击"OK"按钮。

(12)输入数据库连接名称,按回车键。

五、实验步骤

(1)连接数据库。右键选择"Spatial Database Connection Properties",如图 6.1 所示,输入服务器名称与相应的数据,输入密码,单击"Test Connection"进行连接。

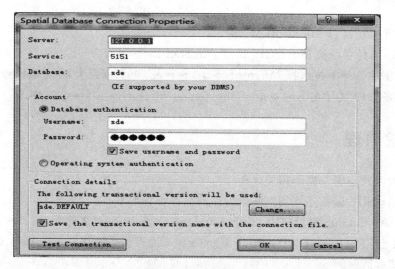

图 6.1 连接数据库

(2)数据库连接成功后,将数据导入 ArcCatalog。打开"Database Connection"窗口,在"Connection to 127.0.0.1"中添加数据。测试连接成功后,界面如图 6.2 所示,此时数据已经成功导入 ArcCatalog。

(3)导入数据。如图 6.3 所示,右击"Import",选择"Feature Class(single)"。

(4)在"Feature Class to Feature Class"对话框中进行输入/输出设置,如图 6.4 所示。

(5)如图 6.5 所示,成功导入后,此时 ArcCatalog 与 SQL 数据库已经成功连接。

(6)如图 6.6 所示,打开 SQL,刷新数据库,在 SQL 中的 SDE 数据表目录下已经成功导入 CENTER 数据。空间数据库连接结束。

实验六 空间数据库的连接

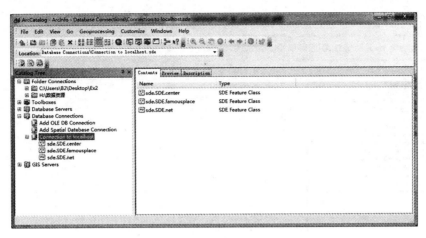

图 6.2 将数据导入 ArcCatalog

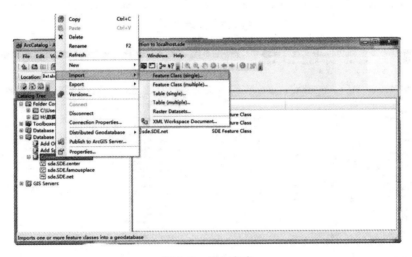

图 6.3 导入方式

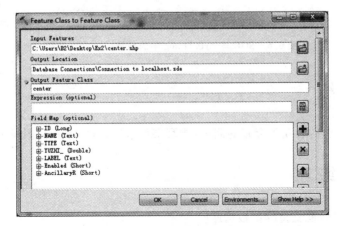

图 6.4 输入/输出设置

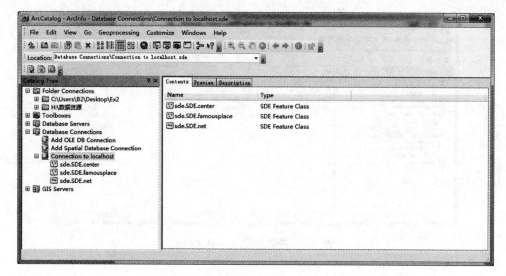

图 6.5　成功连接

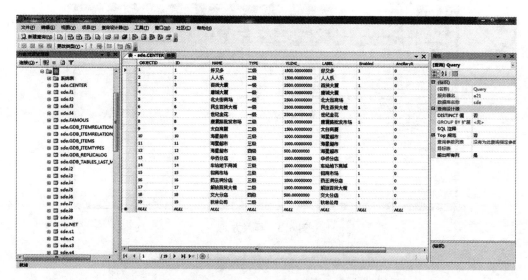

图 6.6　SQL 与 ArcCatalog 中的数据成功实现连接

六、实验总结

总结本次实验的收获和存在的问题，撰写书面报告，报告模板见附录 B。

七、思考与练习

(1) ArcSDE 目前支持哪些数据库？
(2) 简述 ArcSDE 的具体功能有哪些？

实验七 使用 ArcSDE 进行数据加载

一、实验目的

通过本练习,学会使用 ArcSDE 进行数据加载。

二、实验内容

将"…\GIS-Data\laterals"数据加载到 SDE 数据库中。

三、实验仪器及环境

(1)操作系统选择 Microsoft Windows 7。
(2)GIS 软件系统选择 ArcGIS 10.2、ArcSDE for SQL Server。
(3)数据库管理系统选择 Microsoft SQL Server 2005(或以上)标准版或企业版。
(4)准备"…\GIS-Data\laterals"数据。

四、实验原理

本实验涉及与 ArcSDE 相关的知识。

五、实验步骤

1. 加载 coverage 数据

首先使用 ArcSDE 来加载 coverage 数据,具体步骤如下。

(1)如图 7.1 所示,右击"ACTC@IBM61-QHD@APP"连接,选择"Import",再选择"Feature Class(single)"。

(2)如图 7.2 所示,在弹出的"Feature Class to Feature Class"对话框中,点击"Input Features"右边的浏览按钮,打开浏览对话框。

(3)如图 7.3 所示,浏览到需要导入的数据(本例中使用"…\GIS-Data\laterals"数据)后,单击"Add"按钮。

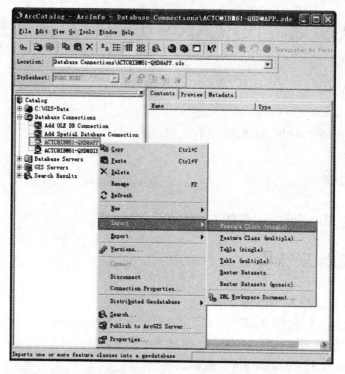

图 7.1 导入 Feature Class 数据

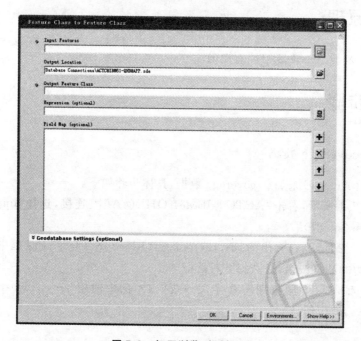

图 7.2 打开浏览对话框 1

实验七　使用 ArcSDE 进行数据加载

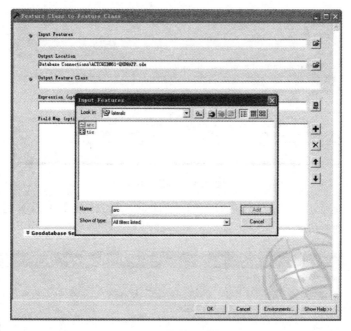

图 7.3　选择数据 1

(4)如图 7.4 所示,在"Output Feature Class"一栏中输入名称(输出要素类的名称),单击"OK"按钮继续。

图 7.4　设置输出要素类的名称 1

(5)加载结束时,会出现如图 7.5 所示的画面,单击"Close"按钮继续。

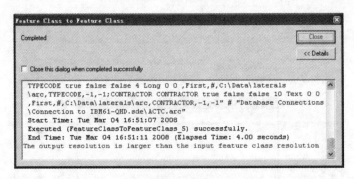

图 7.5　完成设置 1

(6)如图 7.6 所示,在"ACTC@IBM61-QHD@APP"连接下可以看到加载进来的数据。至此,数据加载完成。

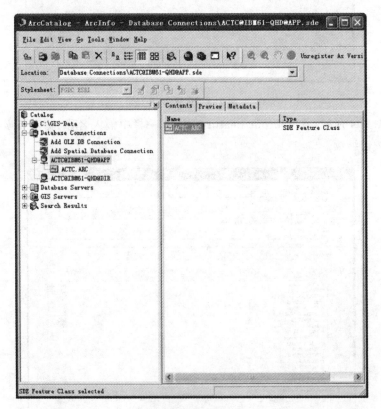

图 7.6　查看数据 1

2. 加载 shapefile 数据

接下来,把已有的 shapefile 数据通过 ArcSDE 加载到数据库中。

(1)如图 7.7 所示,右击"ACTC@IBM61-QHD@APP"连接,选择"Import",再选择"Feature Class(single)"。

实验七 使用 ArcSDE 进行数据加载

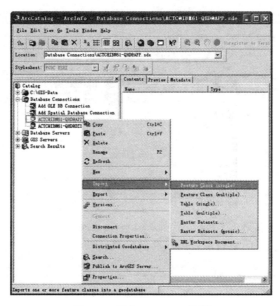

图 7.7 导入 shapefile 数据

（2）如图 7.8 所示，在弹出的"Feature Class to Feature Class"对话框中，点击"Input Features"右边的浏览按钮，打开浏览对话框。

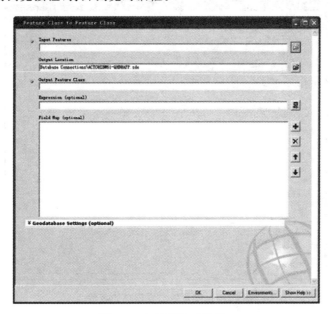

图 7.8 打开浏览对话框 2

（3）如图 7.9 所示，浏览到需要导入的数据（本例中使用"…\GIS-Data\continent.shp"数据）后，单击"Add"按钮。

· 31 ·

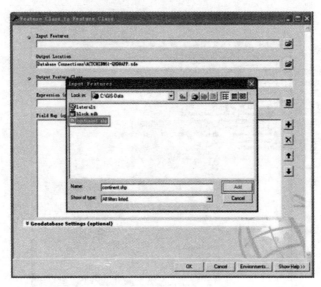

图 7.9 选择数据 2

(4)如图 7.10 所示,在"Output Feature Class"一栏中输入名称(输出要素类的名称),单击"OK"按钮继续。

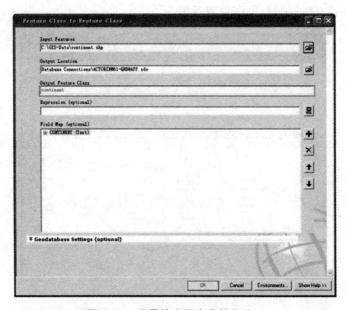

图 7.10 设置输出要素类的名称 2

(5)加载结束时,会出现如图 7.11 所示的画面,单击"Close"按钮继续。

(6)如图 7.12 所示,在"ACTC@IBM61-QHD@APP"连接下可以看到加载进来的数据。至此,数据加载完成。

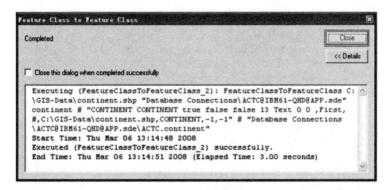

图 7.11　完成设置 2

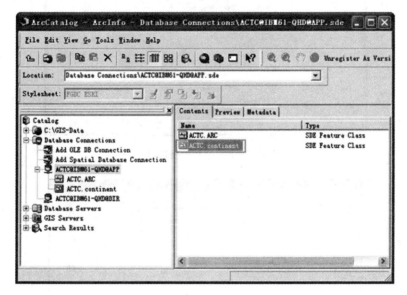

图 7.12　查看数据 2

3. 加载栅格数据

ArcSDE 支持多种栅格数据格式，下面以后缀名为 .tif 的数据为例来说明 ArcSDE 加载栅格数据的步骤。

(1) 如图 7.13 所示，右击"ACTC@IBM61-QHD@APP"连接，选择"Import"，再选择"Raster Datasets"。

(2) 如图 7.14 所示，在弹出的对话框中，点击"Input Basters"右边的浏览按钮，打开浏览对话框。

图 7.13　导入栅格数据

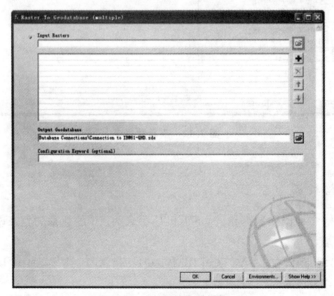

图 7.14　打开浏览对话框 3

(3)如图 7.15 所示,浏览到需要导入的数据(本例中使用"…\GIS-Data\wsiearth.tif"数据)后,单击"Add"按钮。

(4)加载结束后,单击"Close"按钮继续。在"ACTC@IBM61-QHD@APP"连接下可以看到加载进来的数据。至此,数据加载完成。

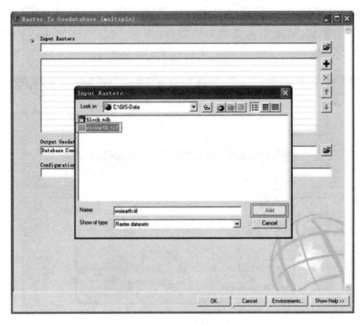

图 7.15 选择数据 3

4. 加载表格数据

对于常见的表格数据,ArcSDE 都能够很好地支持,下面以后缀名为 .dat 的表格为例来说明 ArcSDE 加载常见表格的一般步骤。

(1)如图 7.16 所示,右击"ACTC@IBM61-QHD@APP"连接,选择"Import",再选择"Table(single)"。

图 7.16 导入表格

(2)在弹出的对话框中,点击"Input Rows"右边的浏览按钮,打开浏览对话框。

(3)如图 7.17 所示,浏览到需要导入的数据(本例中使用"…\GIS-Data\owners.dat"数据)后,单击"Add"按钮。

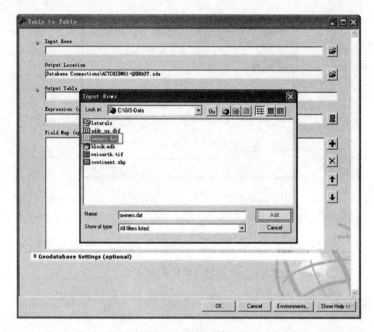

图 7.17　选择数据 4

(4)如图 7.18 所示,在"Output Table"一栏中输入名称(输出要素类的名称),单击"OK"按钮继续。

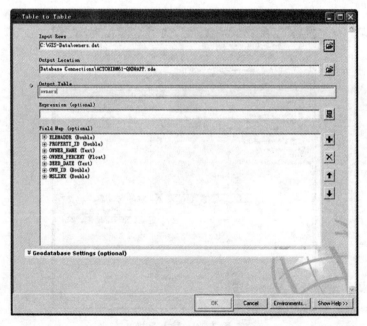

图 7.18　输出要素类的名称 3

(5)加载结束时,会出现如图 7.19 所示的画面,单击"Close"按钮继续。

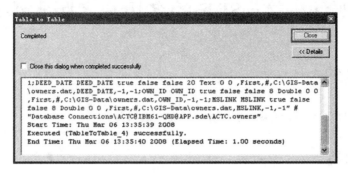

图 7.19 导入完成

(6)如图 7.20 所示,在"ACTC@IBM61-QHD@APP"连接下可以看到加载进来的数据。至此,数据加载完成。

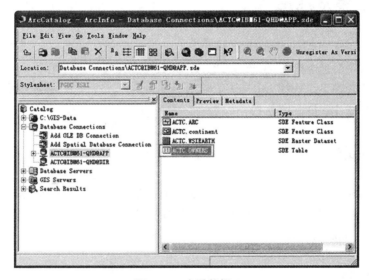

图 7.20 查看数据 3

六、实验总结

总结本次实验的收获和存在的问题,撰写书面报告,报告模板见附录 B。

七、思考与练习

简述 ArcSDE 加载空间数据的一般步骤。

实验八 ArcSDE 的多用户多版本编辑

一、实验目的

掌握 ArcSDE Geodatabase 的多用户多版本编辑。

二、实验内容

练习 ArcSDE Geodatabase 的多用户多版本编辑。

三、实验仪器及环境

(1)操作系统选择 Microsoft Windows 7。
(2)GIS 软件系统选择 ArcGIS 10.2、ArcSDE for SQL Server。
(3)数据库管理系统选择 Microsoft SQL Server 2005(或以上)标准版或企业版。
(4)准备"…\GIS-Data\"数据。

四、实验原理

ArcSDE Geodatabase 和 Personal Geodatabase 最显著的差异就是,前者支持多用户同时修改要素类或其他数据。使用 ArcSDE Geodatabase,数据库中的要素类和表都可以在多用户状态下同时打开、同时编辑,且不会相互影响。

五、实验步骤

1. 准备工作

(1)创建两个连接(不同用户),如图 8.1 所示,本例中使用 ACTC 和 GIS 两个用户。
(2)使用 ACTC 用户加载一个要素类,操作界面如图 8.2 所示,本例中使用 Blocks 要素类(可以在"…\GIS-Data\block.mdb"中找到)。

2. 将一个要素类注册为版本

在使用 ArcSDE 进行多用户多版本编辑前,要素类必须进行版本化。下面将对一个要素类进行版本化操作。

(1)如图 8.3 所示,右击"ACTC.Blocks",选择"Register As Versioned"。
(2)如图 8.4 所示,在弹出的对话框中单击"OK"按钮。

实验八　ArcSDE 的多用户多版本编辑

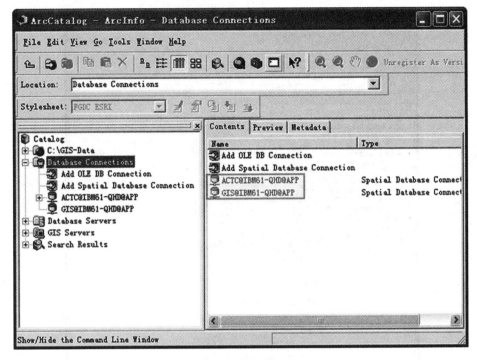

图 8.1　创建两个连接

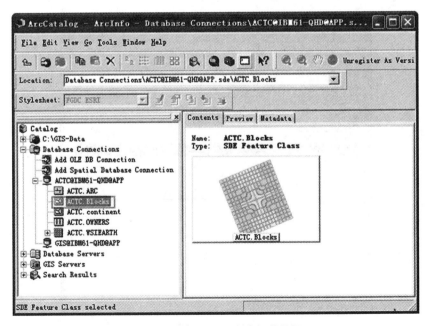

图 8.2　使用 ACTC 用户加载数据

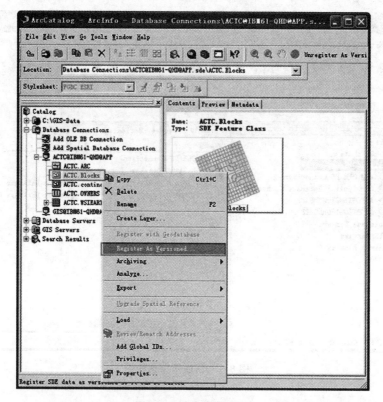

图 8.3 要素类版本化

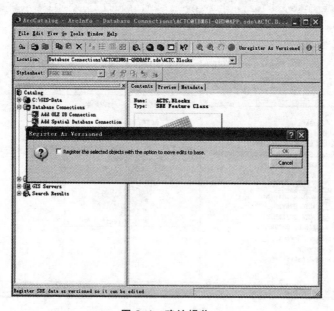

图 8.4 确认操作

3. 对要素类的权限进行管理

ArcSDE 的数据安全可以通过要素类的权限来控制，用户可以控制自己创建的数据是否可以被其他用户读/写。下面将把一个要素类的权限开放给另一个用户。

（1）如图 8.5 所示，右击"ACTC.Blocks"，选择"Privileges"。

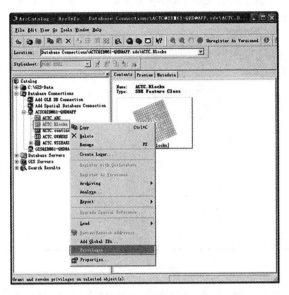

图 8.5　开放权限

（2）如图 8.6 所示，在弹出的对话框中，填写需要开放权限的用户名称，并选择开放的权限。本例中将所有权限开放给 GIS 用户。

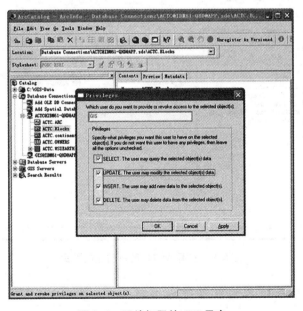

图 8.6　开放权限给 GIS 用户

(3)如图 8.7 所示,右击"GIS@IBM61-QHD@APP"连接,单击"Refresh"按钮。

图 8.7　刷新

(4)刷新 GIS 的连接之后,界面如图 8.8 所示,GIS 用户可以看到 ACTC 用户创建的数据。

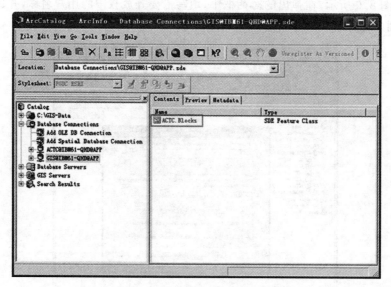

图 8.8　查看 ACTC 用户创建的数据

4. 多用户对同一版本的数据进行编辑

在进行了版本化和要素类权限设置之后,下面就可以开始对要素类进行编辑操作了。

(1)运行 ArcMap 应用程序,新建一个空白地图文档,加载"ACTC@IBM61-QHD@APP"连接下的"ACTC.Blocks"数据,如图 8.9 所示。

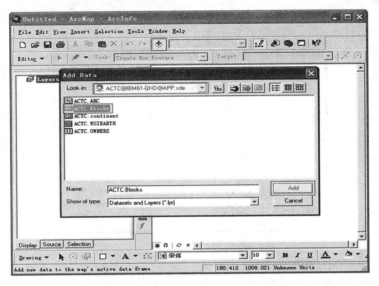

图 8.9　加载"ACTC.Blocks"数据 1

(2)如图 8.10 所示,保存当前地图文档为"ACTC.mxd"。

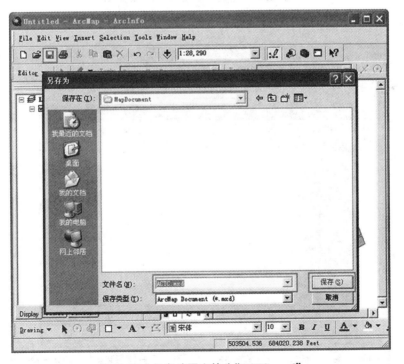

图 8.10　保存地图文档为"ACTC.mxd"

(3)运行 ArcMap 应用程序,新建一个空白地图文档,加载"GIS@IBM61-QHD@APP"连接下的"ACTC.Blocks"数据,如图 8.11 所示。

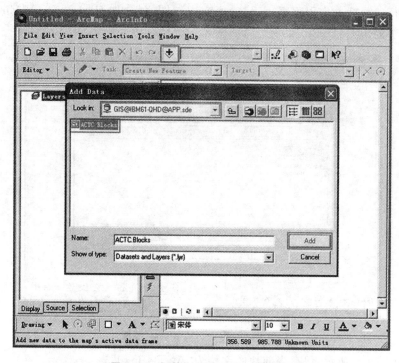

图 8.11　加载"ACTC.Blocks"数据 2

(4)如图 8.12 所示,保存当前地图文档为"GIS.mxd"。

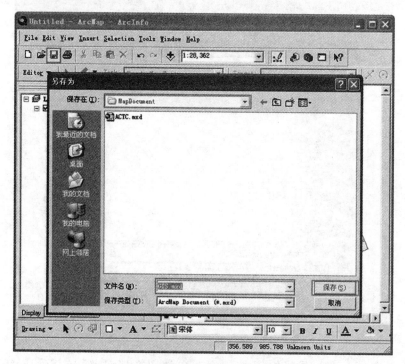

图 8.12　保存地图文档为"GIS.mxd"

(5)修改 ACTC 地图文档和 GIS 地图文档中的图层名称,分别改为"ACTC 的工作空间"和"GIS 的工作空间",如图 8.13 所示。

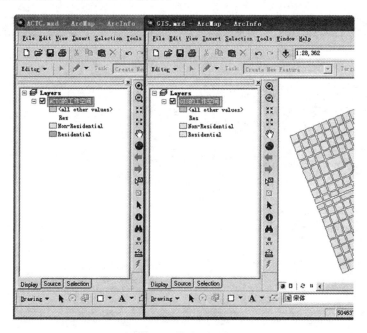

图 8.13　修改图层名称

(6)如图 8.14 所示,查看图层数据源,右击图层"ACTC 的工作空间",选择"Properties"。

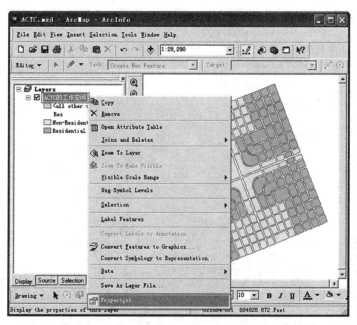

图 8.14　查看"ACTC 的工作空间"图层的数据源

如图 8.15 所示，从弹出的对话框中可以查看"ACTC 的工作空间"图层的数据源和使用的版本。

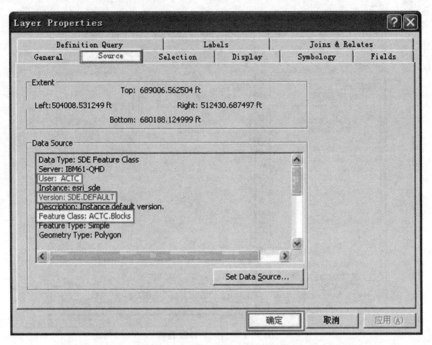

图 8.15 "ACTC 的工作空间"图层的数据源和使用的版本

(7)如图 8.16 所示，右击图层"GIS 的工作空间"，选择"Properties"。

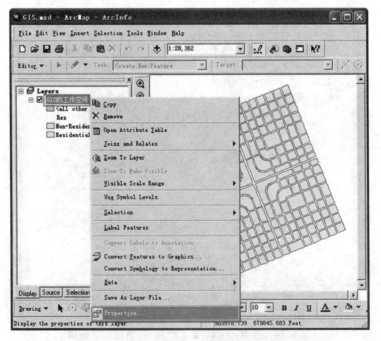

图 8.16 查看"GIS 的工作空间"图层的数据源

• 46 •

如图 8.17 所示，从弹出的对话框中可以查看"GIS 的工作空间"图层的数据源和使用的版本。

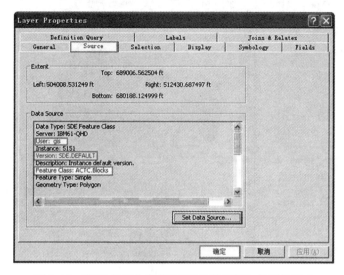

图 8.17 "GIS 的工作空间"图层的数据源和使用的版本

5. 多用户编辑同一版本中的不同要素

（1）开启编辑。如图 8.18 所示，在 ACTC 和 GIS 地图文档中分别开启编辑，点击"Editor"，再选择"Start Editing"。图 8.19 为两者编辑界面的比较。

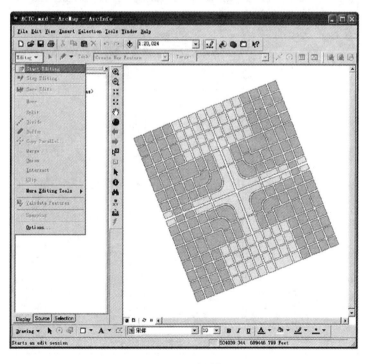

图 8.18 开启编辑 1

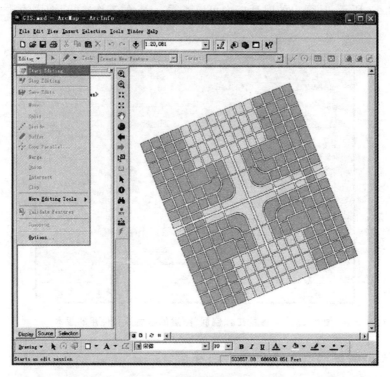

续图 8.18

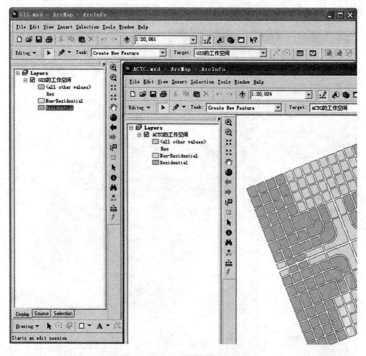

图 8.19 编辑界面比较 1

(2)如图 8.20 所示,使用 GIS 用户为要素类添加新要素。

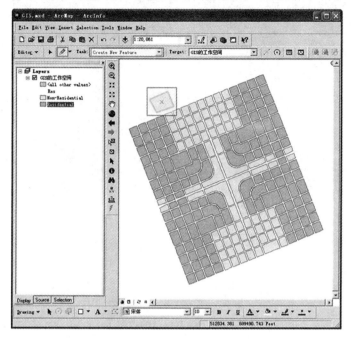

图 8.20　使用 GIS 用户为要素类添加新要素

(3)如图 8.21 所示,使用 ACTC 用户为要素类添加新要素,并且保存编辑(见图 8.22),保存结果如图 8.23 所示。

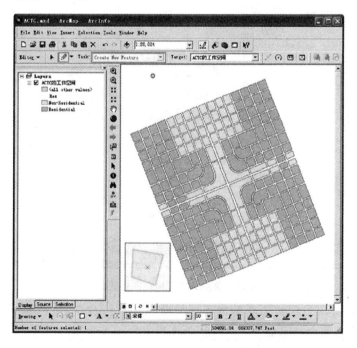

图 8.21　使用 ACTC 用户为要素类添加新要素

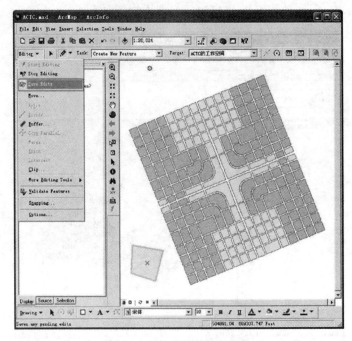

图 8.22 保存编辑的内容 1

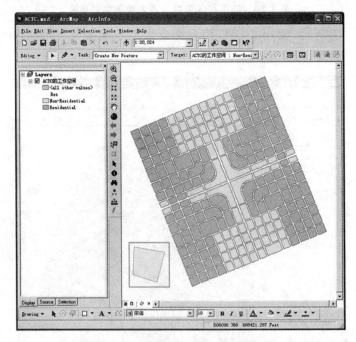

图 8.23 使用 ACTC 用户保存的结果

(4) 使用 GIS 用户保存编辑的内容。如图 8.24 所示,点击"Editor",再选择"Save Edits"进行保存。保存结果如图 8.25 所示。

实验八　ArcSDE 的多用户多版本编辑

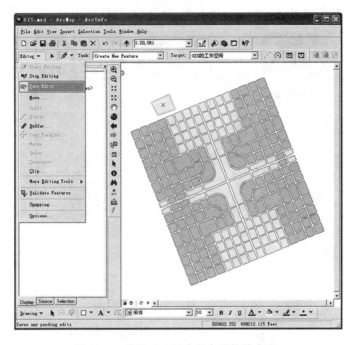

图 8.24　使用 GIS 用户保存编辑的内容 1

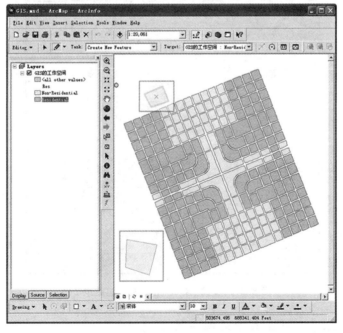

图 8.25　使用 GIS 用户保存的结果

(5)如图 8.26 所示,使用 ACTC 用户再次执行保存编辑的操作,以获取要素类的最新状态。保存结果如图 8.27 所示。

由此可见,多个用户可以同时对同一个要素类的同一个版本进行编辑操作,并且最后执行"保存编辑"操作的用户将会获得要素类当前版本的最新状态。

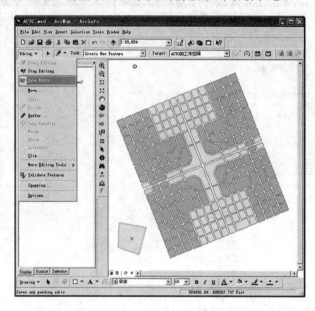

图 8.26 使用 ACTC 用户保存编辑的内容 2

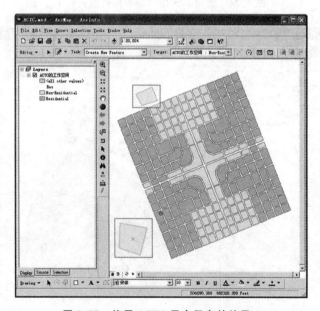

图 8.27 使用 ACTC 用户保存的结果 2

6. 多用户编辑同一版本中的同一要素

ArcSDE 的版本功能允许同时编辑同一要素类,因此当用户同时编辑同一要素类中的同一个要素时,便有可能会发生"冲突",ArcSDE 可提供冲突解决机制。下面是多用户编辑同一版本中的同一要素的操作步骤。

(1)开启编辑。在 ACTC 和 GIS 地图文档中分别开启编辑,以 ACTC 地图文档为例,如图 8.28 所示,点击"Editor",再选择"Start Editing"。图 8.29 为两者编辑界面的比较。

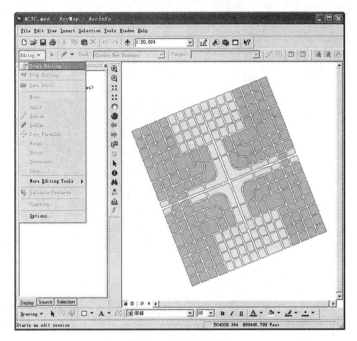

图 8.28 开启编辑 2

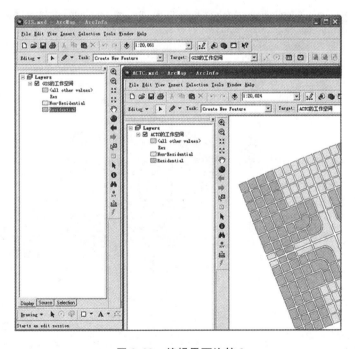

图 8.29 编辑界面比较 2

(2)如图 8.30 所示,使用 GIS 用户进行编辑要素的操作。编辑结果如图 8.31 所示。

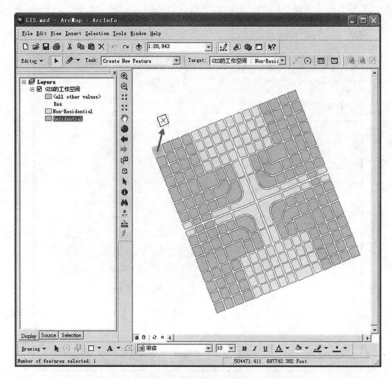

图 8.30 使用 GIS 用户进行编辑要素操作

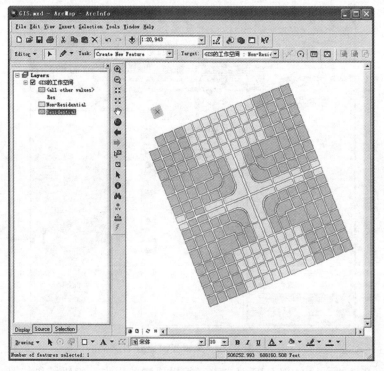

图 8.31 编辑结果 1

(3)如图 8.32 所示,使用 ACTC 用户进行编辑要素的操作。编辑结果如图 8.33 所示。

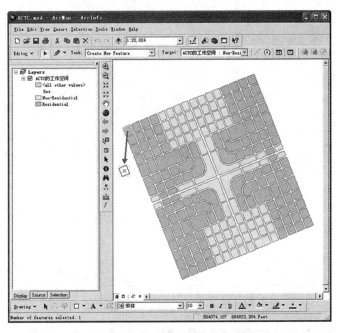

图 8.32 使用 ACTC 用户进行编辑要素操作

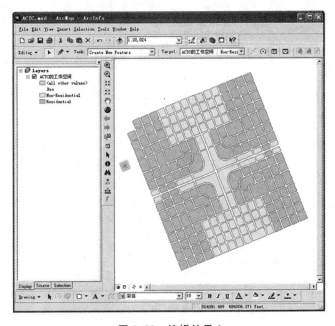

图 8.33 编辑结果 2

(4)如图 8.34 所示,使用 ACTC 用户进行保存编辑的操作。保存结果如图 8.35 所示。

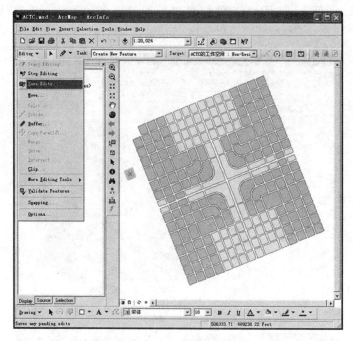

图 8.34 使用 ACTC 用户保存编辑的内容 3

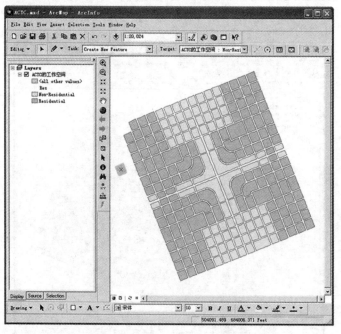

图 8.35 使用 ACTC 用户保存的结果 3

(5)如图 8.36 所示,使用 GIS 用户进行保存编辑的操作。

此时,程序将会提示有冲突产生,如图 8.37 所示,点击"GIS 的工作空间(1/1)",选中列表中的冲突,点击"Confict Display"按钮,打开下拉窗口来查看冲突的图形信息。

实验八 ArcSDE 的多用户多版本编辑

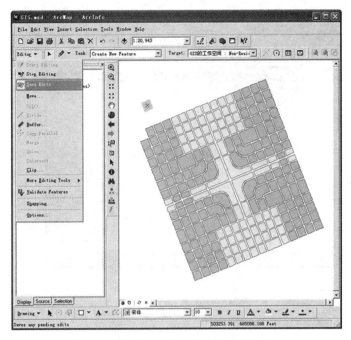

图 8.36 使用 GIS 用户保存编辑的内容 2

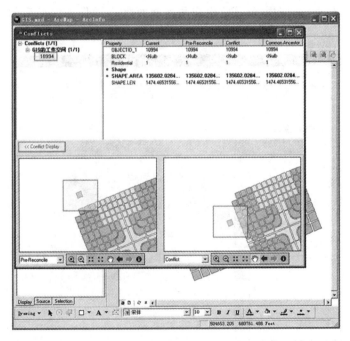

图 8.37 查看冲突 1

(6)使用 GIS 用户协调冲突。如图 8.38 所示,右击"GIS 的工作空间(1/1)"列表下的"10994",根据需要选择相应的 Replace 方法。本例中使用"Replace Object With Pre-Reconcile Version"。

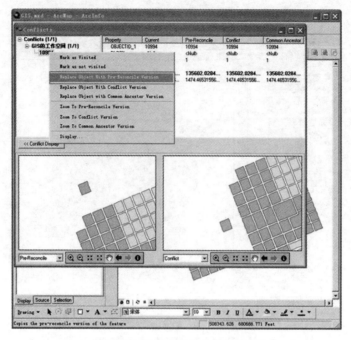

图 8.38 使用 GIS 用户协调冲突

(7)如图 8.39 所示,使用 ACTC 用户再次执行保存操作。保存后的结果如图 8.40 所示。

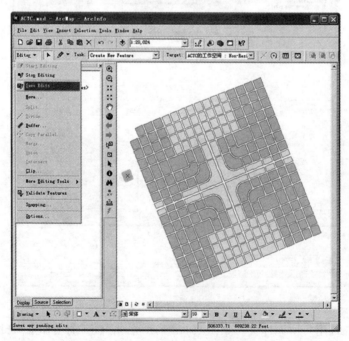

图 8.39 使用 ACTC 用户执行保存操作

实验八　ArcSDE 的多用户多版本编辑

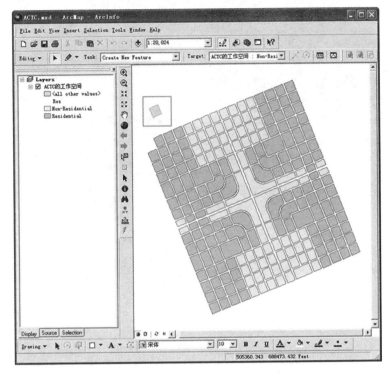

图 8.40　使用 ACTC 用户保存的结果 4

7. 多用户编辑不同版本

上述是多用户编辑同一个版本的案例,下面继续介绍多用户编辑不同版本的操作。ArcSDE 允许用户创建多个版本,这些版本就像是单独的工作空间一样,每个用户在编辑的版本中"独占"了一个数据库。关于多版本的信息不过多介绍,以下是一个操作案例的详细说明。

(1)新建版本。

如图 8.41 所示,选择菜单中的"Tools",再选择"Customize",打开定制对话框。

如图 8.42 所示,在定制对话框中,在"Toolbars"标签下,选中"Versioning",将"Versioning"工具条打开。单击"Close"按钮关闭定制对话框。

(2)GIS 用户新建版本。

在"Versioning"工具条中单击"新建"按钮,弹出新建版本对话框,在对话框中给新版本命名为"GIS",并将"Permission"改为"Public"。单击"OK"按钮关闭对话框。

(3)管理版本。

单击工具条上的"版本管理"按钮,弹出版本管理对话框,如图 8.43 所示。可以在版本管理对话框中对版本进行管理。

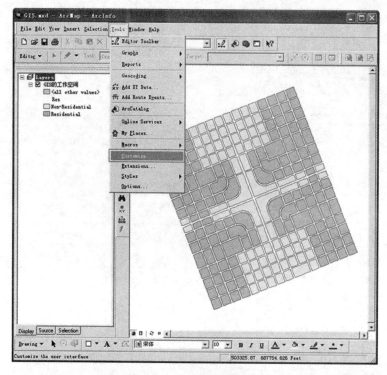

图 8.41 打开定制对话框

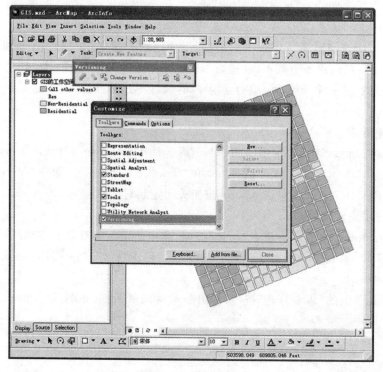

图 8.42 完成设置

实验八　ArcSDE 的多用户多版本编辑

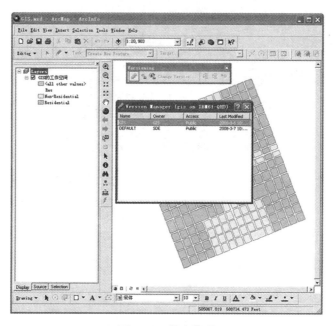

图 8.43　版本管理

(4)切换版本。

将 TOC 窗口切换到"Source"标签下,右击数据源的图标(本例中为"SDE. DEFAULT"),选择"Change Version",如图 8.44 所示。操作完成后将弹出对话框。

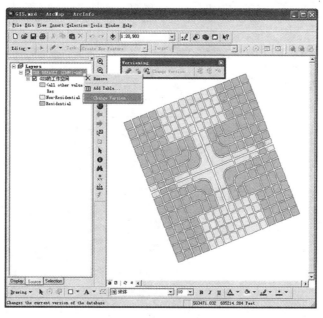

图 8.44　切换版本

如图 8.45 所示,在弹出的对话框中,选择 GIS 版本,单击"OK"按钮,即切换到 GIS 版本。

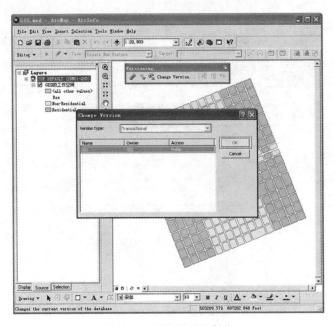

图 8.45 切换到 GIS 版本

8. 编辑版本

(1)GIS 用户开启编辑。

点击"Editor",选择"Start Editing",开启编辑。如图 8.46 所示,可以看到 GIS 用户的当前版本是"GIS"。

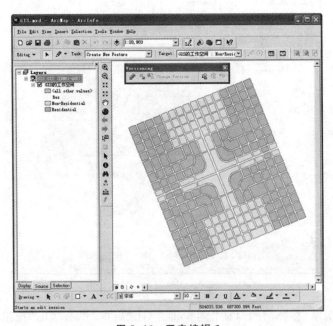

图 8.46 开启编辑 3

(2)GIS 用户编辑数据。

使用 GIS 用户进行类似图 8.47 所示的编辑操作。

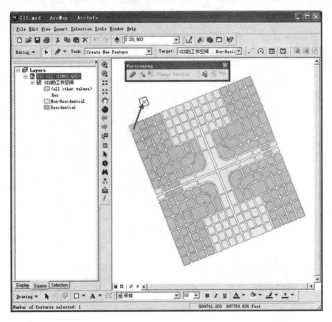

图 8.47　编辑操作 1

编辑结束后,保存编辑的内容,如图 8.48 所示。

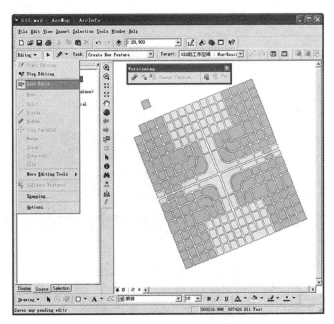

图 8.48　保存编辑的内容 1

(3)ACTC 用户开启编辑。

打开 ACTC.mxd 地图文档,开启编辑,如图 8.49 所示。可以看到 ACTC 用户使用的版本是"SDE.DEFAULT"。

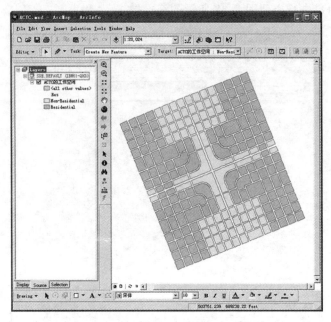

图 8.49 开启编辑 4

(4) ACTC 用户编辑数据。

使用 ACTC 用户进行类似图 8.50 所示的编辑操作。

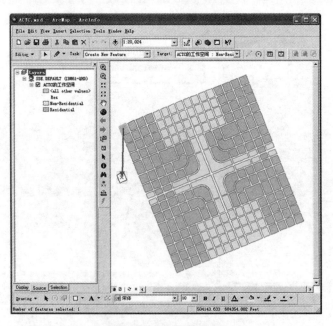

图 8.50 编辑操作 2

编辑结束后,保存编辑的内容,编辑结果如图 8.51 所示。
此时没有和 GIS 用户的编辑操作发生冲突。

实验八　ArcSDE 的多用户多版本编辑

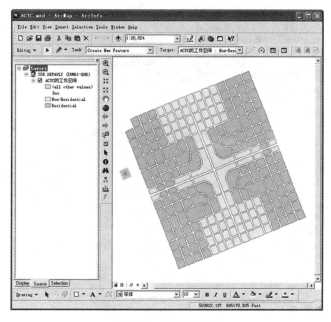

图 8.51　编辑结果 3

9. 协调冲突

（1）在 GIS 文档中，点击"Versioning"工具条上的"Reconcile"按钮，弹出"Reconcile"窗口，如图 8.52 所示。根据需要选择相应的选项，单击"OK"按钮。

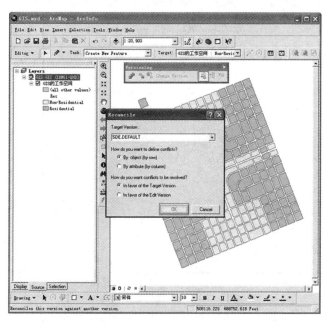

图 8.52　"Reconcile"窗口

（2）如图 8.53 所示，在弹出的对话框中单击"Yes"按钮，查看冲突。

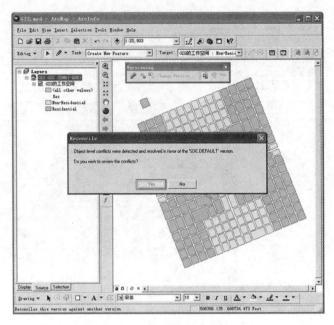

图 8.53　查看冲突 2

（3）如图 8.54 所示，出现冲突，点击"GIS 的工作空间（1/1）"，选中列表中的冲突，单击"Confict Display"按钮，打开下拉窗口来查看冲突的图形信息。

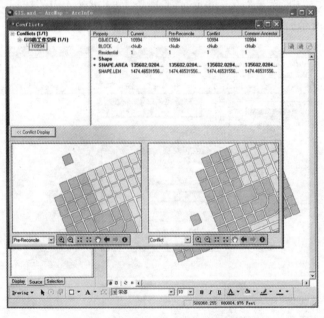

图 8.54　查看冲突 3

（4）如图 8.55 所示，右击"Conflicts"列表中"GIS 的工作空间（1/1）"下的"10994"，根据需要选择相应的 Replace 方法。本例中使用"Replace Object With Pre-Reconcile Version"。

实验八 ArcSDE 的多用户多版本编辑

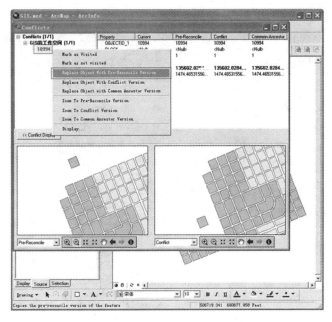

图 8.55 选择 Replace 方法

10. 提交版本

(1)如图 8.56 所示,在 GIS.mxd 地图文档中,点击"Versioning"工具条上的"Post"按钮,提交版本。

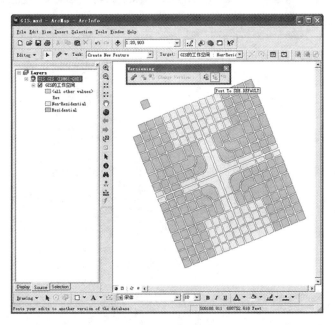

图 8.56 提交版本

(2)如图 8.57 所示,使用 ACTC 用户再次保存当前编辑的内容,获得最新版本信息。

ACTC 用户保存编辑后的结果如图 8.58 所示。

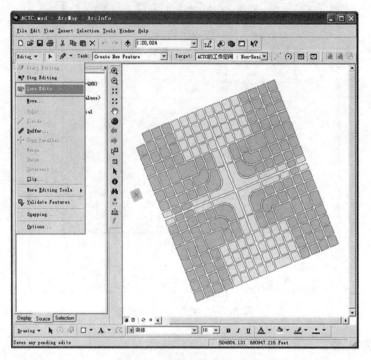

图 8.57　保存编辑的内容 2

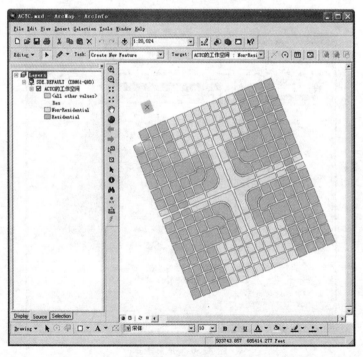

图 8.58　编辑结果 4

六、实验总结

总结本次实验的收获和存在的问题,撰写书面报告,报告模板见附录 B。

七、思考与练习

简述 ArcSDE 多用户配置编辑的步骤。

附录 A SQL Server 2005 数据库操作指导

A.1 SQL Server 2005 数据库的安装配置及启动停止

1. SQL Server 2005 的安装

检查软、硬件配置是否达到 SQL Server 2005 的安装要求,参照说明安装 SQL Server 2005,熟悉 SQL Server 2005 的安装方法。

2. 对象资源管理器的使用

(1)进入 Microsoft SQL Server Management Studio。

单击"开始",选择"程序",选择"Microsoft SQL Server 2005",单击"Microsoft SQL Server Management Studio",打开"连接到服务器"窗口,如图 A.1 所示。

图 A.1 "连接到服务器"窗口

在打开的"连接到服务器"窗口中使用系统默认设置连接服务器,单击"连接"按钮,打开"Microsoft SQL Server Management Studio"窗口。

如图 A.2 所示,在"Microsoft SQL Server Management Studio"窗口中,左边是对象资源管理器,它以目录树的形式组织对象。右边是操作界面,如"查询分析器"窗口、"表设计器"窗口等。

(2)了解系统数据库和数据库的对象。

在对象资源管理器中单击"系统数据库",右边会显示四个系统数据库,如图 A.3 所示。

附录 A SQL Server 2005 数据库操作指导

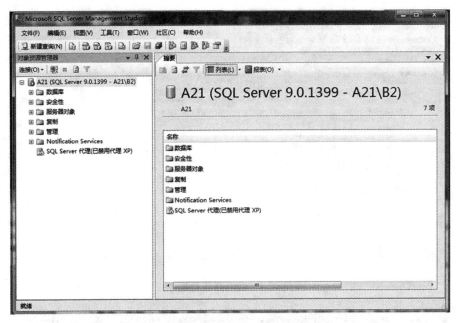

图 A.2 "Microsoft SQL Server Management Studio"窗口

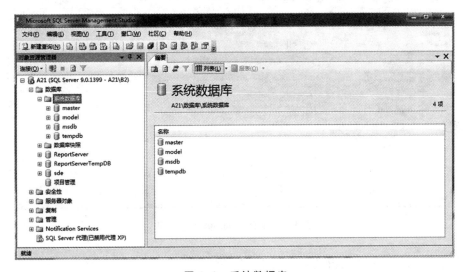

图 A.3 系统数据库

选择系统数据库下的"master",观察 SQL Server 2005 对象资源管理器中数据库对象的组织方式。其中,表、视图在"数据库"节点下,存储过程、触发器、函数、类型、默认值、规则等在"可编程性"中,用户、角色、架构等在"安全性"中。

(3)不同数据库对象的操作方法。

展开系统数据库"master",展开"表",再展开"系统表",选择"dbo.spt_values",单击鼠标右键,系统显示操作快捷键菜单,如图 A.4 所示。

(4)认识表结构。

展开图 A.4 中的"dbo.spt_values"表,查看该表包含哪些列,如图 A.5 所示。

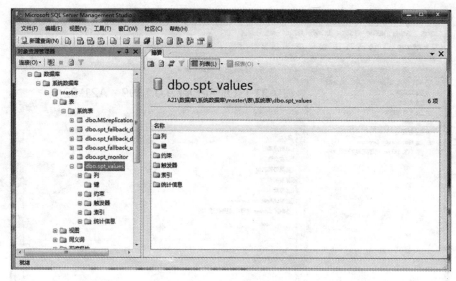

图 A.4　展开系统数据库

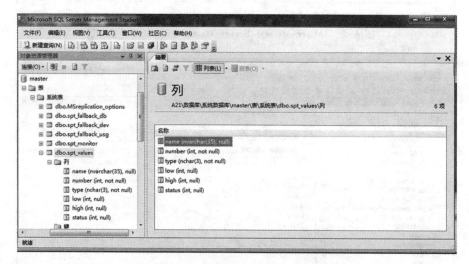

图 A.5　展开"dbo.spt_values"表

3. 查询分析器的使用

在"Microsoft SQL Server Management Studio"窗口中单击"新建查询"按钮(单击菜单栏中的"视图"菜单,选择"工具栏"中的"标准"菜单项即可)。在对象资源管理器的右边会出现"查询分析器"窗口,在该窗口中输入以下命令:

  USE master
  SELECT *
  FROM dbo.spt_values
  GO

单击"执行"按钮(单击菜单栏中的"视图"菜单,选择"工具栏"中的"SQL 编辑器"菜单项即可),命令行执行结果如图 A.6 所示。

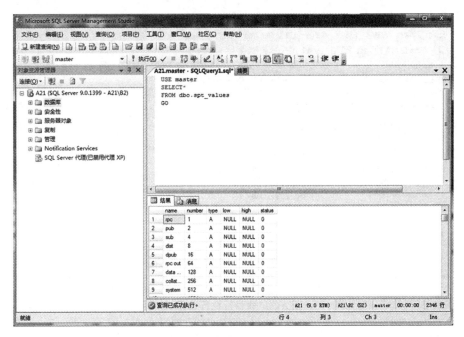

图 A.6　命令行执行结果 1

如果在"Microsoft SQL Server Management Studio"窗口的可用数据库下拉框中选择当前数据库为"master",则"USE master"命令可省略,如图 A.7 所示。

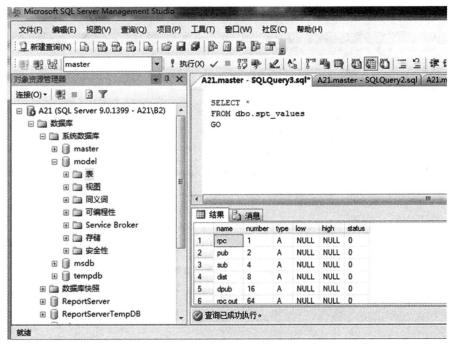

图 A.7　命令行执行结果 2

若使用 USE 命令选择当前数据库为"model",结果如图 A.8 所示。

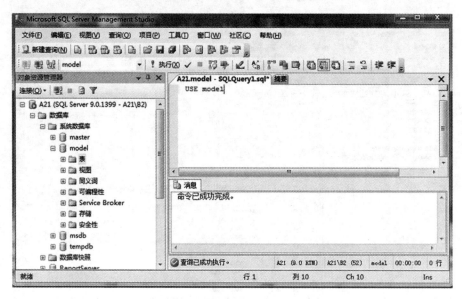

图 A.8 命令行执行结果 3

4. "Microsoft SQL Server Management Studio"中其他窗口的使用方法

单击菜单栏"视图",选择"模板资源管理器"菜单项,主界面右侧将出现"模板资源管理器"窗口。在该窗口中找到"Database",并将其展开,双击"create database",查看 CREATE DATABASE 语句的结构,如图 A.9 所示。

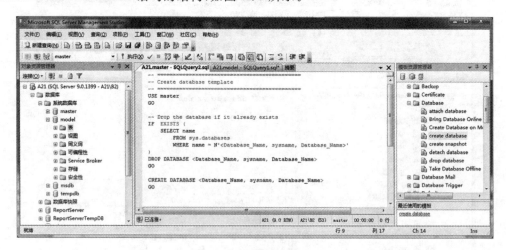

图 A.9 查看语句结构

单击菜单栏中的"视图",选择"已注册的服务器"菜单项,打开"已注册的服务器"窗口,查看已经注册的服务器信息,如图 A.10 所示。

附录 A SQL Server 2005 数据库操作指导

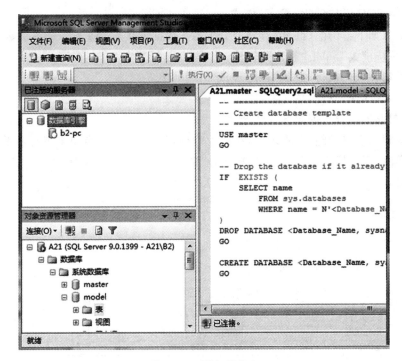

图 A.10 服务器信息

A.2 SQL 语句方式与图形界面方式的创建实现

1. SAM 数据库的创建

(1) 使用 SQL 语句创建 SAM 数据库。

创建步骤如下：打开查询分析器，在查询分析器工作窗口中输入创建语句，最后单击"执行"按钮即可。创建语句如下：

  CREATE DATABASE "SAM" WITH
  ENCODING= 'GBK'

(2) 以图形界面方式创建 SAM 数据库。

创建步骤如下：打开企业管理器，在企业管理器的"数据库"节点单击鼠标右键，单击"新建数据库"，弹出"新建数据库"窗口，在该窗口的"数据库名称"后面输入要创建的数据库名，其他选项使用默认值即可，最后单击"确定"按钮。

2. 在 SAM 数据库中创建 SCOT 模式

上文已介绍 SAM 数据库的创建，接下来需要在该数据库中创建 SCOT 模式。模式 (schema) 实际上是一个名字空间，它包含命名对象（表、视图、存储过程、函数和序列）。要创建模式，调用该命令的用户必须在当前数据库上有 CREATE 权限（超级用户具有任何数据操作权限）。

(1)使用 SQL 语句创建 SCOT 模式。

创建步骤如下:打开查询分析器,展开 SAM 数据库中的"模式",选中该数据库下的任意一个"系统模式",单击"新建",新建一个查询分析器窗口,在查询分析器工作窗口中输入创建语句,单击"执行"按钮即可。创建语句如下:

  CREATE SCHEMA"SCOT"

(2)以图形界面方式创建 SCOT 模式。

创建步骤如下:打开企业管理器,在企业管理器的"模式"节点单击鼠标右键,单击"新建模式",弹出"新建模式"窗口,在该窗口的"模式名"后输入要创建的模式名,最后单击"确定"按钮。

3. 表的创建

(1)以图形界面方式创建 DEPT 表。

DEPT 表结构如图 A.11 所示。

主键	列名	数据类型	列不可空	默认值
🔑	DEPTNO	NUMERIC (2,0)	✓	
	DNAME	VARCHAR (14)		
	LOC	VARCHAR (13)		

图 A.11   DEPT 表结构

创建步骤如下:打开企业管理器,在企业管理器的"表"节点单击鼠标右键,单击"新建表",弹出"新建表"窗口,在该窗口的"模式名"后输入要创建的模式名,最后单击"保存"按钮。

(2)使用 SQL 语句创建 DEPT 表。

在查询分析器中创建 DEPT 表的语句如下:

  CREATE TABLE"SCOTT"."DEPT"(

  "DEPTNO" NUMERIC(2,0)NOT NULL,

  "DNAME" VARCHAR(14),

  "LOC" VARCHAR(13),

  PRIMARY KEY("DEPTNO")USING INDEX TABLESPACE"SYSTEM")

  TABLESPACE"SYSTEM";

(3)使用 SQL 语句创建 EMP 表。

EMP 表结构如图 A.12 所示。

在查询分析器中创建 EMP 表的语句如下:

  CREATE TABLE"SCOT"."EMP"(

  "EMPNO" NUMERIC(4,0)NOT NULL,

  "ENAME" VARCHAR(10),

  "JOB" VARCHAR(9),

  "MGR" NUMERIC(4,0),

  "HIREDATE" DATE,

主键	列名	数据类型	列不可空	默认值
🔑	EMPNO	NUMERIC (4,0)	☑	
	ENAME	VARCHAR (10)	☐	
	JOB	VARCHAR (9)	☐	
	MGR	NUMERIC (4,0)	☐	
	HIREDATE	DATE	☐	
	SAL	NUMERIC (7,2)	☐	
	COMM	NUMERIC (7,2)	☐	
	DEPTNO	NUMERIC (2,0)	☐	

图 A.12　EMP 表结构

"SAL" NUMERIC(7,2),
"COMM" NUMERIC(7,2),
"DEPTNO" NUMERIC(2,0),
PRIMARY KEY("EMPNO")USING INDEX TABLESPACE"SYSTEM",
CONSTRAINT"EMP_REF_DEPT_FK"
FOREIGN KEY("DEPTNO")REFERENCES
"SCOTT". "DEPT"("DEPTNO")ON DELETE RESTRICT ON UPDATE RESTRICT NOT DEFERRABLE)
TABLESPACE"SYSTEM";

(4)使用 SQL 语句创建 SALGRADE 表。

SALGRADE 表结构如图 A.13 所示。

主键	列名	数据类型	列不可空	默认值
	GRADE	NUMERIC (10,0)	☐	
	LOSAL	NUMERIC (10,0)	☐	
	HISAL	NUMERIC (10,0)	☐	

图 A.13　SALGRADE 表结构

在查询分析器中创建 SALGRADE 表的语句如下：

CREATE TABLE"SCOT". "SALGRADE"(
"GRADE"NUMERIC(10,0),
"LOSAL"NUMERIC(10,0),
"HISAL"NUMERIC(10,0))
TABLESPACE"SYSTEM";

4.利用 SQL 语句向以上各表中插入数据

(1)向 DEPT 表中插入的数据如图 A.14 所示。

	DEPTNO	DNAME	LOC
[1]	10	ACCOUNTING	NEW YORK
[2]	20	RESEARCH	DALLAS
[3]	30	SALES	CHICAGO
[4]	40	OPERATIONS	BOSTON

图 A.14　向 DEPT 表中插入的数据

向 DEPT 表中插入数据的 SQL 语句如下：

INSERT INTO "DEPT" VALUES(10,'ACCOUNTING','NEWYORK');
INSERT INTO "DEPT" VALUES(20,'RESEARCH','DALLAS');
INSERT INTO "DEPT" VALUES(30,'SALES','CHICAGO');
INSERT INTO "DEPT" VALUES(40,'OPERATIONS','BOSTON');

(2)向 EMP 表中插入的数据如图 A.15 所示。

	EMPNO	ENAME	JOB	MGR	HIREDATE	SAL	COMM	DEPTNO
1	7369	SMITH	CLERK	7902	1980-12-17	800.00	<NULL>	20
2	7499	ALLEN	SALESMAN	7698	1981-02-20	1600.00	300.00	30
3	7521	WARD	SALESMAN	7698	1981-02-22	1250.00	500.00	30
4	7566	JONES	MANAGER	7839	1981-04-02	2975.00	<NULL>	20
5	7654	MARTIN	SALESMAN	7698	1981-09-28	1250.00	1400.00	30
6	7698	BLAKE	MANAGER	7839	1981-05-01	2850.00	<NULL>	30
7	7782	CLARK	MANAGER	7839	1981-06-09	2450.00	<NULL>	10
8	7788	SCOTT	ANALYST	7566	1987-04-19	3000.00	<NULL>	20
9	7839	KING	PRESIDENT	<NULL>	1981-11-17	5000.00	<NULL>	10
10	7844	TURNER	SALESMAN	7698	1981-09-08	1500.00	0.00	30
11	7876	ADAMS	CLERK	7788	1987-05-23	1100.00	<NULL>	20
12	7900	JAMES	CLERK	7698	1981-12-03	950.00	<NULL>	30
13	7902	FORD	ANALYST	7566	1981-12-03	3000.00	<NULL>	20
14	7934	MILLER	CLERK	7782	1982-01-23	1300.00	<NULL>	10

图 A.15 向 EMP 表中插入的数据

向 EMP 表中插入数据的 SQL 语句如下：

INSERT INTO"EMP" VALUES(7369,'SMITH','CLERK',7902,'1980-12-17',800.00,NULL,20);

INSERT INTO"EMP" VALUES(7499,'ALLEN','SALESMAN',7698,'1981-02-20',1600.00,300.00,30);

INSER INTO"EMP" VALUES(7521,'WARD','SALESMAN',7698,'1981-02-22',1250.00,500.00,30);

INSERT INTO"EMP" VALUES(7566,'JONES','MANAGER',7839,'1981-04-02',2975.00,NULL,20);

INSERT INTO"EMP" VALUES(7654,'MARTIN','SALESMAN',7698,'1981-09-28',1250.00,1400.00,30);

INSERT INTO"EMP" VALUES(7698,'BLAKE','MANAGER',7839,'1981-05-01',2850.00,NULL,30);

INSERT INTO"EMP" VALUES(7782,'CLARK','MANAGER',7839,'1981-06-09',2450.00,NULL,10);

INSERT INTO"EMP" VALUES(7788,'SCOTT','ANALYST',7566,'1987-04-19',3000.00,NULL,20);

INSERT INTO"EMP" VALUES(7839,'KING','PRESIDENT',NULL,'1981-11-17',5000.00,NULL,10);

INSERT INTO"EMP" VALUES(7844,'TURNER','SALESMAN',7698,'1981-09-08',1500.00,0.00,30);

INSERT INTO"EMP" VALUES(7876,'ADAMS','CLERK',7788,'1987-05-23',1100.00,NULL,20);

INSERT INTO"EMP" VALUES(7900,'JAMES','CLERK',7698,'1981-12-03',950.00,NULL,30);

INSERT INTO"EMP" VALUES(7902,'FORD','ANALYST',7566,'1981-12-03',3000.00,NULL,20);
INSERT INTO"EMP" VALUES(7934,'MILLER','CLERK',7782,'1982-01-23',1300.00,NULL,10);

(3)向 SALGRADE 表中插入的数据如图 A.16 所示。

GRADE	LOSAL	HISAL
1	700	1200
2	1201	1400
3	1401	2000
4	2001	3000
5	3001	9999

图 A.16　向 SALGRADE 表中插入的数据

向 SALGRADE 表中插入数据的 SQL 语句如下：

INSERT INTO "SALGRADE" VALUES(1,700,1200);
INSERT INTO "SALGRADE" VALUES(2,1201,1400);
INSERT INTO "SALGRADE" VALUES(3,1401,2000);
INSERT INTO "SALGRADE" VALUES(4,2001,3000);
INSERT INTO "SALGRADE" VALUES(5,3001,9999);

提示：
①创建数据库的 SQL 命令是 CREATE DATABASE。
②创建或定义基本表的 SQL 命令是 CREATE TABLE,其一般格式如下：
　　CREATE TABLE<表名>(<列名><数据类型>[<列级完整性约束>],<列名><数据类型>[<列级完整性约束>],…,[<表级完整性约束>]);

其中,数据完整性约束包括：
　a. 空值约束:NOT NULL 和 NULL；
　b. 主关键字约束:PRIMARY KEY；
　c. 唯一性约束:UNIQUE；
　d. 参照完整性约束:FOREIGN KEY；
　e. 默认值定义:DEFAULT；
　f. 取值范围约束:CHECK。
③数据插入语句的命令为 INSERT INTO。

5. SQL 语句

(1)数据操作语句及功能如下。
SELECT:从数据库表中检索数据行和列；
INSERT:向数据库表添加新数据行；
DELETE:从数据库表中删除数据行；
UPDATE:更新数据库表中的数据。

(2)数据定义语句及功能如下。
CREATE TABLE:创建一个数据库表;
DROP TABLE:从数据库中删除表;
ALTER TABLE:修改数据库表结构;
CREATE VIEW:创建一个视图;
DROP VIEW:从数据库中删除视图;
CREATE INDEX:为数据库表创建一个索引;
DROP INDEX:从数据库中删除索引。

A.3 SQL 语句的查询实现

1. 利用 SQL 语句进行单表查询(以员工管理为例)

(1)查询 EMP 表中指定的列,语句如下:
  SELECT EMPNO,ENAME,JOB,SAL FROM"SCOT"."EMP";
(2)在结果集中给查询的列以别名,语句如下:
  SELECT EMPNO AS"员工编号",ENAME AS"员工姓名",JOB AS"职位",SAL AS"工资"
    FROM"SCOT"."EMP";
(3)在 EMP 表中查询每位员工的员工编号、姓名和年薪,语句如下:
  SELECT EMPNO,ENAME,SAL * 12 FROM"SCOT"."EMP";
(4)在 EMP 表中查询月工资大于等于 1500 元,小于等于 3000 元的员工的信息,语句如下:
  SELECT * FROM"SCOT"."EMP"WHERE SAL>=1500 AND SAL<=3000;
(5)在 EMP 表中查询工作职位是"SALESMAN"的员工的编号、姓名、职位和工资,语句如下:
  SELECT MPNO,ENAME,JOB,SAL
    FROM"SCOT"."EMP"
    WHERE JOB='SALESMAN';

2. 利用 SQL 语句进行多表查询

(1)查询每个员工所属部门和所在的具体地点。由于所查询的字段分别在 EMP 表和 DEPT 表中,所以需要进行跨表查询。查询语句如下:
  SELECT EMPNO,ENAME,SAL,EMP.DEPTNO,LOC
    FROM"SCOT"."EMP","SCOT"."DETP"
    WHERE EMP.DEPTNO=DEPT.DEPTNO
    ORDER BY LOC;

该例子为相等连接,当两个表中记录的 DEPTNO 值完全相等时才可进行连接。这种连接查询涉及主键和外键,也称简单连接或内连接。

(2)查询工资级别在 4~5 级的所有员工的信息。该查询使用 BETWEEN…AND…作为连接运算符,该运算符不是等号,因此这个连接也被称为不等连接。语句如下:

  SELECT E. EMPNO,E. ENAME,E. JOB,E. SAL,S. GRADE
    FROM"SCOT". "EMP"E,"SCOT". "SALGRADE"S
    WHERE E. SAL BETWEEN S. LOSAL AND S HISAL AND S. GRADE>3;

3. 利用 SQL 语句进行子查询

(1)查询与 SMITH 这个员工职位相同的所有员工的员工编号、姓名、薪水和职位,语句如下:

  SELECT EMPNO,ENAME,SAL,JOB
    FROM"SCOT". "EMP"
    WHERE JOB=
    (SELECT JOB FROM "SCOT". "EMP"
    WHERE ENAME="SMITH");

该语句包含一个子查询,属于 WHERE 子句中的单行子查询。括号内的查询称为子查询或内查询,括号外的查询称为主查询或外查询。

(2)查询工作职位与 SMITH 相同,并且工资不超过 ADAMS 的所有员工的信息,语句如下:

  SELECT EMPNO,ENAME,SAL,JOB
    FROM"SCOT". "EMP"
    WHERE JOB=
    (SELECT JOB
    FROM"SCOT". "EMP"
    WHERE ENAME='SMITH')
    AND SAL<=
    (SELECT SAL
    FROM"SCOT". "EMP"
    WHERE ENAME="ADAMS");

4. 分页查询

在 SAMPLES 数据库的 SCOTT 模式的 EMP 表中查询第 5 条至第 10 条之间的记录,语句如下:

  SELECT * FROM(SELECTA1. * ,ROWNUM RN FROM(SELECT * FROM SCOTT. EMP)
    A1 WHERE ROWNUM<=10)WHERE RN>=5;

5. 查询强化训练

约定以下所有查询均以 SAMPLES 数据库中的 SCOTT 模式下的"DEPT 表""EMP 表""SALGRADE 表"作为查询对象。

(1)单表查询。

①创建一个表 USERS 并插入一行数据。写出一条插入语句,要求从自己开始复制,并迅速加大表的数据量。

表创建语句如下:

  CREATE TABLE USERS(USERLD VARCHAR2(10), UNAME VARCHAR2(20), UPASSW VARCHAR2(30);

插入数据语句如下:

  INSERT INTO USERS VALUES('A0001','北京','ABCDEFG007');

从自己开始复制的插入数据语句如下:

  INSERT INTO USERS(USERLD,UNAME,UPASSW)SELECT * FROM USERS;

②上题中,如果需要让表中的数据量达到1024条记录,则需要执行几次上题中的"自我复制插入语句"?

10 次。

③用一条语句统计表中数据的行数。

  SELECT COUNT(*)FROM USERS;

④SCOTT 模式下,查询 EMP 表中 SMITH 这位员工所在部门的部门编号,及其工作、薪水。

  SELECT DEPTNO,JOB,SAL FROM SCOTT.EMP WHERE ENAME='SMITH';

⑤SCOTT 模式下,显示 EMP 表中每位员工的年薪及奖金。

如图 A.17 所示,表中英文所对应的信息分别如下:EMPNO——员工编号,ENAME——员工姓名,JOB——职位,MGR——上级员工,HIREDATE——入职时间,SAL——工资,COMM——奖金,DEPTNO——员工所在部门的部门编号。语名如下:

  SELECT SAL * 12 + NVL(COMM,,0) * 12 AS "年薪",ENAME, COMM FROM SCOTT.EMP;

EMPNO	ENAME	JOB	MGR	HIREDATE	SAL	COMM	DEPTNO
7369	SMITH	CLERK	7902	1980-12-17	800.00		20
7499	ALLEN	SALESMAN	7698	1981-02-20	1600.00	300.00	30
7521	WARD	SALESMAN	7698	1981-02-22	1250.00	500.00	30
7566	JONES	MANAGER	7839	1981-04-02	2975.00		20
7654	MARTIN	SALESMAN	7698	1981-09-28	1250.00	1400.00	30
7698	BLAKE	MANAGER	7839	1981-05-01	2850.00		30
7782	CLARK	MANAGER	7839	1981-06-09	2450.00		10
7788	SCOTT	ANALYST	7566	1987-04-19	3000.00		20
7839	KING	PRESIDENT		1981-11-17	5000.00		10
7844	TURNER	SALESMAN	7698	1981-09-08	1500.00	0.00	30
7876	ADAMS	CLERK	7788	1987-05-23	1100.00		20
7900	JAMES	CLERK	7698	1981-12-03	950.00		30
7902	FORD	ANALYST	7566	1981-12-03	3000.00		20
7934	MILLER	CLERK	7782	1982-01-23	1300.00		10

图 A.17 员工信息

⑥SCOTT 模式下,查找 EMP 表中 1982 年 5 月 1 日后入职的员工。

方法一：

　　SELECT ENAME,HIREDATE FROM SCOTT.EMP WHERE HIREDATE＞'5-1-1982';

方法二：

　　SELECT ENAME,HIREDATE FROM SCOTT.EMP WHERE HIREDATE＞'1982-5-1';

⑦SCOTT模式下，显示EMP表中第三个字符为大写N的所有员工的姓名和工资。

　　SELECT ENAME,SAL FROM SCOTT.EMP WHERE ENAME LIKE'_ _N%';

⑧SCOTT模式下，显示EMP表中EMPNO为7844、7839、7566的员工的情况。

　　SELECT * FROM SCOTT.EMP WHERE EMPNO IN(7844,7839,7566);

⑨SCOTT模式下，显示EMP表中没有上级员工的员工的信息。

　　SELECT * FROM SCOTT.EMP WHERE MGR IS NULL;

⑩查询工资高于500元或岗位为MANAGER，且姓名首字母为J的员工。

　　SELECT * FROM SCOTT.EMP WHERE(SAL＞500 OR JOB='MANAGER')AND ENAME LIKE'J%';

⑪按照工资从低到高的顺序显示员工的信息。

　　SELECT * FROM SCOTT.EMP ORDER BY SAL;

⑫按照部门编号升序、员工工资降序的顺序显示员工信息。

　　SELECT * FROM SCOTT.EMP ORDER BY DEPTNO,SAL DESC;

⑬显示所有员工中的最高工资和最低工资。

　　SELECT MAX(SAL),MIN(SAL)FROM SCOTT.EMP;

⑭显示所有员工中的最高工资，以及相应员工的姓名。

　　SELECT ENAME,SAL FROM SCOTT.EMP WHERE SAL=(SELECT MAX(SAL) FROM SCOTT.EMP);

⑮显示所有员工的平均工资和工资总和。

　　SELECT AVG(SAL),SUM(SAL)FROM SCOTT.EMP;

⑯显示员工总数。

　　SELECT COUNT(EMPNO)FROM SCOTT.EMP;

⑰显示所有员工中工资最高的员工的姓名、职位和工资。

　　SELECT ENAME,JOB,SAL FROM SCOTT.EMP WHERE SAL=(SELECT MAX(SAL) FROM SCOTT.EMP);

⑱显示工资高于所有员工平均工资的员工的信息。

　　SELECT * FROM SCOTT.EMP WHERE SAL＞(SELECT AVG(SAL) FROM SCOTT.EMP);

⑲显示每个部门的平均工资和最高工资。

　　SELECT AVG(SAL),MAX(SAL),DEPTNO FROM SCOTT.EMP GROUPBY DEPTNO;

⑳显示每个部门的每种岗位的平均工资和最低工资。

　　SELECT AVG(SAL),MIN(SAL),JOB,DEPTNO FROM SCOTT.EMP GROUPBY

DEPTNO,JOB；

㉑显示平均工资低于2000元的部门的编号及这些部门的平均工资。

  SELECT AVG(SAL),DEPTNO FROM SCOTT.EMP GROUP BY DEPTNO HAVING AVG(SAL)<2000；

(2)多表查询。

㉒显示所有员工的姓名、工资及所在部门的名字。

  SELECT ENAME,E.SAL,D.DNAME FROM SCOTT.EMPE,SCOTT.DEPTD WHERE E.DEPTNO=D.DEPTNO；

㉓显示部门编号为10的部门名，以及该部门下每位员工的姓名和工资。

  SELECT D.DNAME,E.ENAME,E.SAL

   FROM SCOTT.EMPE,SCOTT.DEPTD

   WHERE E.DEPTNO=D.DEPTNO AND E.DEPTNO=10；

㉔显示所有员工的姓名、工资及工资级别。

  SELECT ENAME,SAL,GRADE FROM SCOTT.EMP,SCOTT.SALGRADE WHERE SAL BETWEEN LOSAL AND HISAL；

㉕显示所有员工的姓名、工资及所在部门的名字，并按部门进行排序。

  SELECT E.ENAME,E.SAL,D.DNAME

   FROM SCOTT.EMPE,SCOTT.DEPTD

   WHERE E.DEPTNO=D.DEPTNO

   ORDER BY E.DEPTNO；

㉖显示某个员工的上级员工的姓名。

  SELECT WORKER.ENAME AS"员工姓名",BOSS ENAME AS"上级员工姓名"

   FROM SCOTT.EMPWORKER,SCOTT.EMPBOSS

   WHERE WORKER.MGR=BOSS.EMPNO AND WORKER.ENAME='FORD'；

(3)子查询。

㉗查询与部门10的工作相同的员工的姓名、岗位、工资及部门编号。

  SELECT * FROM EMP WHERE JOB IN(SELECT DISTINCT JOB FROM EMP WHERE DEPTNO=10)；

㉘显示工资比部门30的所有员工的工资都高的员工的姓名、工资和部门编号。

方法一：

  SELECT ENAME,SAL,DEPTNO FROM SCOTT.EMP WHERE SAL>ALL(SELECT SAL FROM SCOTT.EMP WHERE DEPTNO=30)；

方法二：

  SELECT ENAME,SAL,DEPTNO FROM SCOTT.EMP WHERE SAL>(SELECT MAX(SAL)FROM SCOTT.EMP WHERE DEPTNO=30)；

㉙显示与SMITH的所在部门和岗位完全相同的所有员工的信息。

  SELECT * FROM SCOTT.EMP WHERE(DEPTNO,JOB)=(SELECT DEPTNO,JOB FROM SCOTT.EMP WHERE ENAME)='SMITH')；

㉚显示高于自己部门平均工资的员工的信息。

方法一：

　　SELECT E1.*,E2.MYAVG FROM SCOTT.EMP E1,(SELECT AVG(SAL)MYAVG,DEPTNO FROM SCOTT.EMP GROUP BY DEPTNO) E2 WHERE E1.DEPTNO＝E2.DEPTNO AND E1.SAL＞E2.MYAVG；

方法二：

　　SELECT E1.* FROM SCOTT.EMP E1 WHERE E1.SAL＞(SELECT AVG(SAL)FROM SCOTT.EMP WHERE DEPTNO＝E1.DEPTNO)；

㉛显示每个部门工资最高的员工的详细资料。

　　SELECT * FROM SCOTT.EMP S WHERE SAL＝(SELECT MAX(SAL)FROM SCOTT.EMP WHERE DEPTNO＝E.DEPTNO)；

㉜用查询结果创建新表。

　　CREATE TABLE MYTABLE(ID,NAME,SAL,JOB,DEPTNO) AS
　　　SELECT EMPNO,ENAME,SAL,JOB,DEPTNO FROM SCOTT.EMP；

㉝自我复制数据（蠕虫复制）。

有时，为了对某条 SQL 语句进行效率测试，需要海量数据时，可以使用此法为表创建海量数据。

　　INSERT INTO MYTABLE(ID,NAME,SAL,JOB,DEPTNO)
　　　SELECT EMPNO,ENAME,SAL,JOB,DEPTNO FROM SCOTT.EMP；

(4)分页查询。

㉞查询 5～10 条记录（分页查询）。

　　SELECT * FROM (SELECT A1.*,ROWNUM RN FROM(SELECT * FROM SCOTT.EMP)A1 WHERE ROWNUM＜＝10)WHERE RN＞＝5；

附录 B 实验报告模板

信息学院实验报告

学号：		姓名：		班级：	
课程名称:空间数据库原理与应用			实验名称：		
实验性质：	①综合性实验		②设计性实验		③验证性实验
实验时间：	年	月	日	实验地点：	
本实验所用设备：安装了 SQL Server 2005、ArcGIS 10.2、ArcSDE 的计算机					
一、实验目的 二、实验内容 三、实验仪器及环境 四、实验原理 五、实验步骤 六、实验总结 七、思考与练习					
任课教师评语： 教师签字：					年　月　日

参 考 文 献

[1] 毕硕本. 空间数据库教程[M]. 北京:科学出版社,2013.
[2] 张宏,乔延春,罗政东. 空间数据库实验教程[M]. 北京:科学出版社,2013.